从零开始学
Photoshop

抠图＋修图＋调色＋特效＋合成

（培训教材版）

委婉的鱼 编著

人民邮电出版社

北京

图书在版编目（CIP）数据

从零开始学Photoshop抠图+修图+调色+特效+合成：培训教材版 / 委婉的鱼编著. -- 北京：人民邮电出版社，2020.7
ISBN 978-7-115-53069-1

Ⅰ. ①从… Ⅱ. ①委… Ⅲ. ①图象处理软件 Ⅳ. ①TP391.413

中国版本图书馆CIP数据核字(2020)第018494号

内 容 提 要

　　这是一本完全针对零基础读者创作的 Photoshop 图书，用通俗的表述讲解工具的使用技巧和核心技术的应用。

　　本书共 16 章，第 1 章讲解修图的相关准备工作；第 2 章讲解学习 Photoshop 软件需要掌握的基本概念；第 3 章讲述 Photoshop 基本工具和菜单命令的使用方法和实操技巧；第 4 章～第 6 章讲解图层、蒙版和通道的知识；第 7 章～第 9 章讲解 Photoshop 的 18 种抠图技法，以及文字特效设计及滤镜的学问；第 10 章～第 16 章讲解 Photoshop 核心技术的应用，包括一系列日常实用技术案例、影楼人像修图与调色、图像后期调色、海报后期创作、时尚特效案例、创意合成案例及 GIF 动图制作案例等。另外，本书提供了案例、练习需要的素材文件及一套自成体系且与本书内容相关的视频课程。

　　本书不仅适合平面设计师及计算机专业的学生学习，还适合作为日常处理图形图像的工具书。

◆ 编　　著　委婉的鱼
　　责任编辑　张丹阳
　　责任印制　马振武

◆ 人民邮电出版社出版发行　　北京市丰台区成寿寺路 11 号
　　邮编　100164　电子邮件　315@ptpress.com.cn
　　网址　https://www.ptpress.com.cn
　　大厂聚鑫印刷有限责任公司印刷

◆ 开本：700×1000　1/16
　　印张：23.5
　　字数：703 千字　　　　　　　　　　2020 年 7 月第 1 版
　　印数：1 – 2 500 册　　　　　　　　 2020 年 7 月河北第 1 次印刷

定价：49.00 元

读者服务热线：(010)81055410　印装质量热线：(010)81055316
反盗版热线：(010)81055315
广告经营许可证：京东市监广登字 20170147 号

前　言

Photoshop 已成为时下一个热词，各种一键式手机修图软件虽然蜂拥而至，但 Photoshop 软件在平面设计、广告摄影、影像创意、网页制作、视觉创意及界面设计中的位置却越来越不可撼动，设计师每天还是在使用 Photoshop 进行创作，相对应地，也就诞生了我们这本书。

本书内容包括 16 章，遵循循序渐进的原则安排学习内容，并在章节中设计了"你问我答"或"小练习"环节，让读者自行练习，灵活创作。

学习 Photoshop 是一个日积月累的过程，本书的安排也是从易到难，从基础到进阶。在学习本书内容时，建议读者从前往后依次学习，尽量不在没有基础知识储备的情况下，学习后面较复杂的调色或合成等内容。

本书配备了一套自成体系且与书中内容及辅助实例练习相关的视频课程，在学习了相应理论知识后，读者可以观看相关视频并上机练习，及时巩固所学知识。如果在操作过程有问题也可以查看相关视频，查找自身存在的问题。

本书写作过程中难免有所疏忽，欢迎各位读者指正。

编者

资源与支持

本书由数艺设出品，"数艺设"社区平台（www.shuyishe.com）为您提供后续服务。

配套资源

在线视频课程

案例和练习需要的素材文件

资源获取请扫码

"数艺设"社区平台，为艺术设计从业者提供专业的教育产品。

与我们联系

我们的联系邮箱是 szys@ptpress.com.cn。如果您对本书有任何疑问或建议，请您发邮件给我们，并请在邮件标题中注明本书书名及ISBN，以便我们更高效地做出反馈。

如果您有兴趣出版图书、录制教学课程，或者参与技术审校等工作，可以发邮件给我们；有意出版图书的作者也可以到"数艺设"社区平台在线投稿(直接访问 www.shuyishe.com 即可)。如果学校、培训机构或企业想批量购买本书或"数艺设"出版的其他图书，也可以发邮件联系我们。

如果您在网上发现针对"数艺设"出品图书的各种形式的盗版行为，包括对图书全部或部分内容的非授权传播，请您将怀疑有侵权行为的链接通过邮件发给我们。您的这一举动是对作者权益的保护，也是我们持续为您提供有价值的内容的动力之源。

关于"数艺设"

人民邮电出版社有限公司旗下品牌"数艺设"，专注于专业艺术设计类图书出版，为艺术设计从业者提供专业的图书、U书、课程等教育产品。出版领域涉及平面、三维、影视、摄影与后期等数字艺术门类，字体设计、品牌设计、色彩设计等设计理论与应用门类，UI设计、电商设计、新媒体设计、游戏设计、交互设计、原型设计等互联网设计门类，环艺设计手绘、插画设计手绘、工业设计手绘等设计手绘门类。更多服务请访问"数艺设"社区平台www.shuyishe.com。我们将提供及时、准确、专业的学习服务。

Photoshop 常见疑难问题解答速查

如何选择Photoshop的版本？

Photoshop 功能无论怎么更新，基本的操作和功能都是保留的，新、旧版本的区别一方面是适当添加了一些新的功能，对某些旧功能进行了优化。另一方面是版本越低，占用内存越小，运行速度越快；版本越高，占用内存越大，高版本软件若想要在电脑中运行速度快，则电脑的配置就要高。

64 位 8G 内存的电脑，同时安装 Photoshop CS6 和 Photoshop CC 2017 是没有问题的，初学者安装这两个版本中的任何一个都可以。

如果接触 Photoshop 多了，学习者会发现真正学好一个版本后，各种版本 90% 的东西都是相似的。

刚开始学Photoshop常犯哪些错误？

◎一开始就做案例。案例是在基础知识学习得比较熟练之后，在实践操作中应用所学基础，发挥自己的灵感创意，然后做出自己的作品的。做案例需要扎实的基本知识和娴熟的操作，显然零基础是不具备这样的知识储备的。

◎一开始就要学抠图。学到后期会发现，抠图方法有十几种，如选框工具法、套索工具法、魔棒法、快速选择工具法、橡皮擦工具法、钢笔工具法、选择并遮住法、色彩范围法、路径法、计算法、通道法、快速蒙版法和插件抠图等，而这些方法又各有优缺点，有各自适合的抠图对象。

◎一开始就做后期合成。后期合成需要有扎实的基本知识和娴熟的操作技术，还需要对蒙版、通道、色彩和光影有较深的理解，同时需要有灵感、有创意和有综合应用能力，所以创意合成一般都放在最后学习。

◎一直请教别人自己却不钻研。一些人比较浮躁，一旦遇到问题就到处发问，但是其实有些问题自己踏踏实实看书是完全可以解决的。

很多人说 Photoshop 很难学，原因其实就在这里，没有学好基础，却过早接触了较难懂的知识，或者过早接触了需要基础才能学会的知识，这都会挫伤学习者学习的信心。举个例子，刚刚在一年级学了 0~9 十个数字的小朋友，突然要学二位数的乘除法，或者初中的一次函数，这当然是很难了。因而对于初学者，建议先踏踏实实学基础工具和常用菜单，然后开始进阶。

如何学习Photoshop？

在学习 Photoshop 之前，要明确一个观点，学好 Photoshop 并非一朝一夕的事情，系统地学习软件需要做到 4 点：有兴趣、有计划、循序渐进和坚持。

◎兴趣是学好 Photoshop 最关键的因素，只有真正对一样东西有兴趣，才有可能学好它、才有可能有成就感、才有可能感受到学习的快乐。

◎关于计划，需要先了解自己的学习情况，明确自己的学习能力。有些人是零基础，有些人断断续续学了一段时间，有些人已经是一个高手，大家的起点不一样，只有做到"了解自己的情况"后，才可以制订符合自己实际情况的学习计划。具体来说，如果初学者计划用半年时间学会 Photoshop，那么是远远不够的。时间方面，每月的计划和每周的计划必须有；知识方面，也应该要有具体的章节学习安排。举个例子，这一周要学会"蒙版"，具体的计划就应该包括这周里每天具体该看书的哪一部分、该看哪些视频、该做哪些笔记及该练习哪些相应的实例等。

◎初学者要面对的第一个挑战就是浮躁。学习 Photoshop 必须要循序渐进。谁都不能在一开始就创作出惊艳的作品，就像学习汉语的过程，从拼音到汉字、词语、句子、短文和长篇，再到后来的小说、散文、寓言、诗词和古文，这是一个渐进的学习过程。同样，学习

Photoshop 也需要一步一个脚印，从软件安装，到打开和关闭，到认识界面，到学习各项常用菜单、选择与选区、图层、面板、色彩模式、滤镜、通道、蒙版、路径、形状、文字，再到调色、修图、创意合成和动画等，这也是一个渐进的学习过程。

很多人是零基础的，却从一开始就学习具体案例，学习通道或蒙版抠图，学习创意合成，结果案例做到一半，操作不了了，自信心受挫，产生厌烦情绪，最后就放弃学习 Photoshop 了。

◎半途而废是初学者需要克服的另一个挑战，每天坚持学习两小时，也可以每晚学习一小时。学习一个技术性的软件，前期要保证有足够的时间，后期才能有稳定的提升。坚持的另一层含义，是针对每一个知识点，先通过书本进行初步学习，然后上机进行实例练习，最后坚持反复练习才有知识沉淀。

在学习 Photoshop 的过程中，无论是一帆风顺，还是偶有挫折，都应该坚持学习下去，不要轻易放弃。

学习Photoshop最好的方法是什么？

如果只是想随便了解一下这个软件，不在乎学习结果，那么怎么学都无所谓。

如果想学点东西，最好的学习方法是将书本、视频和实践操作结合起来。

首先看书，从书本了解基础的知识点，能看懂最好，有看不懂的地方也没关系，记下它，然后看与书本知识点相对应的视频，进一步学习知识，了解上机如何操作。最后是自己上机实践操作，操作的过程中有什么问题再结合书本和视频继续学习，尽量多操作、多练习，在实践中将所学知识融会贯通。

学习Photoshop中最重要的部分是什么？

对于这个问题，仁者见仁，智者见智。有人说是调色，有人说是合成，还有人说是抠图。其实最重要的是基础，即常用菜单和基础工具，这是根源。无论是修图、抠图，还是合成，没

有一项能离开基础工具和常用菜单，只有踏踏实实夯实基础，掌握了最重要的常用菜单和基础工具，才能得心应手地修图、抠图和合成。

制订学习计划需要注意哪些事？

◎按自己的实际和特点制订计划，目标不要过高或过低，计划应该合理、科学，不要浪费宝贵的时间。

◎不要硬搬其他人的学习计划，参考一下即可。

◎根据自己的实际操作情况，不断调整学习计划。

◎制订好计划之后，就去坚持。半途而废，最浪费时间和精力。

当然，虽然不是要学习 Photoshop 就必须得制订一个学习计划，但是计划可以让人随时了解自己的学习进度，帮助学习者摆脱惰性和拖延症的困扰，所以，制订学习计划还是很有必要的。

多长时间可以学会Photoshop?

首先明确一点，学 Photoshop 没有速成，需要反复的练习，想几分钟学会它是不可能的，想要随心所欲地修图，没有一番功夫，是不可能实现的。

能熟练掌握 Photoshop 因人而异、因专攻的方向而异、因个人所花的学习时间而异。

Photoshop 的学习可以分为入门、熟练和精通 3 个阶段。通过实践证明，如果一天练习两个小时，那么一个月基本可以入门，此时可以进行简单的修图；半年时间就会比较熟练，可以随心所欲地修一般的图，心中的创意想法也可以表达出来；经过两三年的不间断沉淀与积累后，修图或创作就非常娴熟了。

基础知识和案例，孰轻孰重？

在汉语中，800 个汉字可以写出 300 篇文

章。相同的道理，一个 Photoshop 的知识点，可以有很多篇教程，最重要的还是基础知识，建议学习本源的基础知识，并适当练习一些经典案例，基础知识与案例其实就是牛奶和吸管的关系。

对色彩不敏感，没有专业的摄影技术和创造力，能学会Photoshop吗？

没有能不能，只有想不想。只要想学，一定能学会 Photoshop。至于对色彩不敏感这个问题，可以后天培养，多看关于色彩的书，平时多给图片调色，对色彩的敏感程度就会有所提升。没有专业的摄影技术对学习 Photoshop 就更没有多大的影响了，毕竟 Photoshop 主要是后期修图，处理的是现成的图片，而不是考验摄影技术。当然摄影技术越好，拍出来的照片需要处理的地方越少。

创造力在创意合成和平面设计中尤为重要，当然创造力也可以后天培养，平时多看一些关于时尚设计的杂志和电视节目，也可以看一些别人的经典创意，然后集百家之所长，最终形成自己的风格。

为什么快捷键不起作用？

一般是因为打开了中文输入法，Photoshop 的快捷键只有在英文输入法下才起作用，当遇到快捷键不起作用时，将中文输入法切换成英文输入法即可。

操作错误，又不想从头开始怎么办？

执行【编辑 > 后退一步】菜单命令来恢复上一步操作，默认状态下可以后退 20 步。在【编辑 > 首选项 > 性能】中的"历史记录状态"选项中可以修改后退步数，修改后最大可以后退1000 步。

浮动面板不见了，怎么办？

第一种方法，执行【窗口 > 工作区 > 复位基本功能】菜单命令。

第二种方法，在窗口菜单下找到相应面板，在该面板名称前面打上"√"即可。

前景色和背景色颜色填充的快捷键，怎么记清楚？

前景色填充快捷键是 Alt+Delete，背景色填充快捷键是 Ctrl+Delete。可以这样记：前景和背景，一前一后。Alt 和 Ctrl 的第一个字母 A 和 C，因为 A 在 C 之前，所以 A 对应前景色，C 对应背景色。

为什么一些命令中的功能处于灰色状态、不能使用？

当菜单栏的某些命令处于灰色状态时，表明该图层不符合该命令。其原因可能有图层是被锁定的背景图层，以及智能对象或矢量的文字和形状图层，某些命令只能在特定的条件下才能对这些图层起作用。

对照着书能做出来，合上书就不知道该怎么做？

大部分人都有这样一种经历，发现自己对很多知识点或案例照着书可以做出来，合上书就不知道怎么做了，这是怎么回事？

学习 Photoshop 本身就不是一件生搬硬套的事，合上书本做不出和书上一样的效果，原因在于缺乏思考，没有搞明白书里每个步骤是为了什么、每一步为什么要这样操作、这样的操作是为了达到怎样的效果。学习是一个"举一反三"的过程，千万不要"死记"参数，不要"照猫画虎"，要追求甚解，要学习思路。

模仿网络案例去学习可以吗？

如果是零基础，不建议一开始就模仿网络案例。也许看着网络案例，顺着作者的步骤，很快就可以修出漂亮的图片，但是随着自身需要的深入，会发现自己还是什么都没学会，一味机械地模仿，是不会有什么进步的，这是因为很多网络案例都着重于具体的案例或技巧，对于基础知识一般一笔带过。

有一定基础的人，模仿案例操作是很好的学习方式，如果能在看案例的过程中，积极思考，做好笔记和总结，那么做完案例会掌握很多知识点和技巧。

网上案例那么多，该如何选择学习？

网络案例复杂多样，如何判断哪些案例好、哪些案例适合自己？好的案例就是无论简单还是困难的知识，它都能清楚地写出步骤，做出合理明了的解析，让人能跟着做完并且得到启发。

为什么学了很久，案例也做了很多，但是进步不大？

缺乏思考。为了得到案例的效果而做案例，做的过程只是按步骤操作或照本宣科，模仿别人的思路，这样虽然可以做出同样的效果，但是不去思考为什么这样操作、这样操作有什么好处、有没有更简单的方法，将会一直没有进步。

我只想掌握调色，直接学习调色这一部分可以吗？

Photoshop 入门是比较简单的。在入门之后，每个人的侧重点会不同，有的人会做产品美工，有的人会从事影楼修图工作，有的人会侧重后期合成。如果一个人在工作中只需要调色的知识，那还有必要学习其他的知识与技巧吗？

答案是肯定的。如果有闲暇的时间，那么不妨多掌握一些 Photoshop 的知识，因为同一个效果，往往可以用很多种方式得到。掌握不同的方法与技巧，可以更从容地选择更简便的、效果更好的一种方式，虽然条条大路通罗马，但是有最近的一条。如果真的没有时间全部掌握，建议踏踏实实学好基础，搞清楚最基本的菜单和工具，以及一些常用概念，然后去学调色。

大家学习Photoshop的目的可能各不相同，但是常用菜单和基础工具是每个人都应该踏实学习的，只有学明白了基础知识，才能按照自己感兴趣的方向去拓展。

修图的时候，如何更有效率？

◎使用多个图层。

在工作中尽可能地使用多个图层，图层的作用，就是为了方便后期更改。Photoshop 后期的修图或合成很难一次成型，为了让作品更完美，创作过程中会反复修改，因而最好在每个关键的部分都新建一个图层。

一定要避免单一图层做图，这样在后期无法有针对性地对图片做出修改。

◎多使用蒙版。

但凡能想到删除和擦除这两个动作的地方都可以用蒙版来代替。删除和擦除是一种有破坏性的编辑，它们对于图层内容的伤害是不可逆的，而蒙版只是暂时隐藏选中的图像部分。好处在于，可以随时对该部分图像进行继续隐藏或恢复等操作，并且无论操作多少遍都对原图像没有任何的破坏。蒙版是一种无损的编辑方式。

◎多利用智能对象和智能滤镜。

在对图像进行放大、缩小、扭曲、旋转和变形等操作时，都会或多或少损失一部分画质，而将普通图层转化为智能对象后，再进行上述操作时，将保留图像一切的原始特性，不会对图像的原始画质造成任何的破坏，因而智能对象也是一种无损的编辑方式。

一些滤镜没有预览功能，只能设置一次参数，看一次效果，如果不满意就得从头开始。使用智能滤镜后就可以很方便地修改滤镜的参数、不透明度和混合模式等。

◎多利用调整图层。

当需要对图层的色阶、亮度、曲线和颜色等做出调整时，如果直接在原图层上修改，那么后期将很难再进行调整。调整图层是一个独立图层，在这个图层上可以反复进行多次的无损调整，最终效果不满意还可以直接删除这个调整图层，然后重新添加一个调整图层，就可以继续对原图层进行调整，这个过程对原图层是没有任何影响的。

◎多使用快捷键。

使用快捷键，是最能提升工作效率的操作，这就好比设置的特殊电话号码，按1直接就是打给父母，按2直接就是打给妻子。

以上操作是一般修图者和修图高手的区别。

人像修图的一般流程是什么?

（1）ACR滤镜处理（相机校准、白平衡、色调、曝光、对比度、高光、阴影、白色色阶、黑色色阶、清晰度和饱和度）。

（2）基础修饰，处理瑕疵。

（3）形体调整（液化）。

（4）皮肤质感处理（双曲线、中性灰和高低频磨皮）。

（5）五官修饰。

（6）调色。

（7）锐化。

并不是每一个步骤都要进行，如对于一个形体很完美的模特，就没必要再调整形体。

图像和图形有什么区别?

图像是像素图或位图，一般缩放位图会失真。图形是矢量图，它以数学的方式记录色块和线条，一般缩放矢量图不失真。Photoshop主要处理的是图像（位图）。

图层、蒙版和通道相互之间有关系吗?

答案是肯定的，在某种情况下它们之间有一定的关系。图层是含有文字或图形等元素的胶片。蒙版是作用在某一图层之上的"特殊玻璃"，这个"特殊玻璃"可以遮盖、透出或半透出下一层图层。通道是用来存储、构成图片信息的灰度图像。如果引入选区，它们三者都和选区有一定的联系，所以图层、蒙版和通道相互之间是有一定关系的。

为什么无法移动图层?

一般是因为图层被锁定，软件限制该图层移动，如被锁定的背景图层就无法进行移动。如果要对锁定的图层进行移动该怎么办？其实很简单，单击图层面板中该图层缩览图后的小锁，解开锁定即可。

为什么图层中的图像会变得很淡或完全看不见了?

图像变得很淡，可能是无意中更改了图层的不透明度或者填充程度。完全看不见，可能是不透明度或填充程度变成了0，也有可能是隐藏了该图层。

所选择的图层处于隐藏状态时，无法进行哪些操作?

绘图工具不能使用，无法填充前景色或背景色，无法清除选区中的内容，无法进行滤镜效果，无法进行填充，无法进行描边，以及无法进行自由变换等操作。

Photoshop里有几种色彩模式，需要重点掌握哪些?

Photoshop里常用的色彩模式有HSB、RGB、CMYK、Lab、灰度、位图、双色调、索引颜色和多通道等，每个颜色模式都有其特殊的用途，需要重点掌握的是RGB模式、CMYK模式和HSB模式。

常用快捷键速查

移动工具	V	选框工具	M	魔棒/快速选择工具	W
裁剪工具	C	吸管工具	I	污点修复画笔工具	J
画笔工具	B	仿制图章工具	S	橡皮擦工具	E
渐变工具	G	旋转视图工具	R	减淡/加深工具	O
钢笔工具	P	文字工具	T	路径选择工具	A
抓手工具	H	缩放工具	Z	临时使用移动工具	Ctrl
临时使用抓手工具	空格键	画笔大小	[ ]	打开已有图像	Ctrl+O
新建图形文件	Ctrl+N	新建图层	Ctrl+Shift+N	关闭当前图像	Ctrl+W
保存当前图像	Ctrl+S	另存为...	Ctrl+Shift+S	打印	Ctrl+P
首选项	Ctrl+K	退出	Ctrl+Q	还原/重做前一步操作	Ctrl+Z
还原两步以上操作	Ctrl+Alt+Z	剪切选取的图像或路径	Ctrl+X	拷贝选取的图像或路径	Ctrl+C
将剪贴板的内容粘到当前图形中	Ctrl+V	用背景色填充所选区域或整个图层	Ctrl+Backspace 或Ctrl+Delete	调整色彩平衡	Ctrl+B
自由变换	Ctrl+T	调整曲线	Ctrl+M	去色	Ctrl+Shift+U
填充	Shift+F5或Shift+Backspace	调整色相/饱和度	Ctrl+U	拷贝图层	Ctrl+J
调整色阶	Ctrl+L	与前一图层编组	Ctrl+G	取消编组	Ctrl+Shift+G
用前景色填充所选区域或整个图层	Alt+Backspace 或Alt+Delete	向下合并	Ctrl+E	合并可见图层	Ctrl+Shift+E
反相	Ctrl+I	放大和缩小视图	Z+左右拖移	图层适应屏幕	Ctrl + 0
盖印可见图层	Ctrl+Alt+Shift+E	放大视图	Ctrl++	缩小视图	Ctrl+-
图层实际尺寸	Ctrl+ 1	全部选取	Ctrl+A	羽化	Shift+F6
正片叠底	Ctrl+Alt+M	取消选择	Ctrl+D	反向选择	Ctrl+Shift+I
滤色	Shift+Alt+S	重新选择	Ctrl+Shift+D	路径变选区	Ctrl+Enter
按上次的参数再做一次刚才的滤镜	Ctrl+F	退去上次所做滤镜的效果	Ctrl+Shift+F	显示/隐藏标尺	Ctrl+R
重复上次所做的滤镜（可调参数）	Ctrl+Alt+F	显示/隐藏"画笔"面板	F5	显示/隐藏"动作"面板	F9
显示/隐藏网格	Ctrl+"				

提示

Mac版只需将Ctrl替换为Command，Alt替换为Option即可。

目 录

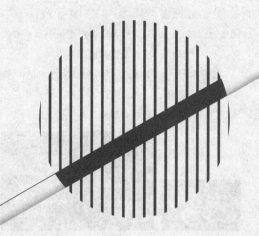

第1章

后期修图的准备工作

1.1　Photoshop可以做什么

Photoshop 是由 Adobe 公司开发和发行的后期图像处理软件，主要有五大功能：图像编辑、图像合成、校色调色、特效制作和动画制作。

图像编辑是对图像进行复制、放大、缩小、旋转、裁剪、虚化、去色、描边、反转、修补残缺、添加边框、添加阴影和添加或去除水印等。

图像合成是利用 Photoshop 的众多工具，将要合成的各个图像通过叠加、拼接、虚化、透明、抠图、混合、修饰和调色等操作，最终处理成一幅新的完整的图像。

特效制作是通过综合应用各种菜单命令和工具，后期再添加一些必要的元素和创意完成特殊效果。例如，油画效果、素描效果、水墨画效果、工笔画效果和油笔画效果等常用的传统美术效果，都可以通过 Photoshop 来制作。

校色调色通常是处理由于拍摄设备、拍摄条件和拍摄方式限制，导致所拍摄照片颜色偏差的问题，如曝光过度，白平衡不准确，以及出现紫边、红眼等。Photoshop 可以对图像的颜色、明暗、光影、白平衡、亮度、对比度、饱和度、色阶、曲线和色彩平衡等一系列参数进行校正和调整。

此外，Photoshop 也可以制作一些简单的动画。

目前，Photoshop 主要应用在平面设计、广告摄影、照片处理、绘画、文字特效、后期修饰和网页制作等领域。

1.2 如何获取图片素材

1.2.1 图片的获取途径

图片素材的获取方式一般有网络下载和自己拍摄两个途径。网络下载又分为付费和免费两种，这里主要介绍一些高清无水印且可商用的图片网站，以供读者获取自己想要的素材。

1. PEXELS

图片质量非常高，高清、无水印且可商用。

2. visualhunt

图片数量非常多，种类包括城市、森林、海洋、浪漫、旅行、海滩、建筑、汽车、植物、自然、科技、女性、天空和人物等，网站的亮点是不仅可以通过关键词搜索图片，还可以根据颜色对图片进行搜索。

3. Unsplash

网站每日更新，主要是风景图片，高清、无水印且可商用。

4. pixabay

图片数量多，包含各种类型的超高分辨率图片且可商用。

5. Magdeleine

Magdeleine 网站中主要是灵感类图片。

6. Foodiesfeed

网站主要是饮食和蔬果等图片。

7. PNGimg

有不同种类的无背景素材图片，不用抠图，可以直接使用。

8. DesignersPics

主要是生活、工作和休闲的图片。

9. 泼辣有图

有大量免费高分辨率的可商用图片，无须注册登录即可下载。

10. ssyer别样网

无版权、免费高分辨率图片，无须注册登录即可下载。

1.2.2　如何判断图片好坏

并不是所有的图都适合进行后期处理，在拿到图片后，要仔细挑选，实在不能修的图还是放弃为好。那么哪些图片适合修图呢？笔者从6个方面总结了适合修图的图片的特点。

聚焦和曝光：如果前期没有理由要虚焦，就要保证图片最基本的聚焦和曝光的准确性。

色彩：白平衡正确，图片具有准确的色彩。

清晰度：如果没有理由要模糊画面，那么图片的画面就需要有一定的清晰度。

主题：具有明确的主题（情绪或观点）。

构图：图片中各种元素的搭配是否合理，是否给人舒适的体验。

没有固定指标，深刻表达感情：画面是模糊的，色彩是单调的，图片是偏亮或偏暗的，都没关系，只要是能引导观者，让他们产生悲伤、欢喜、难过、震撼或五味杂陈的情感共鸣的图片就是优秀的图片。

1.2.3　如何选择适合的图片

首先，确定需要表达的主题。其次，在适合的主题范围内，选择光影正确、色彩准确、构图舒适和感情真实的图片。

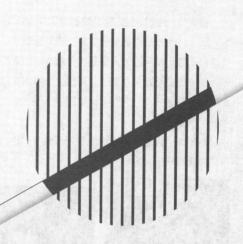

第 2 章

学习 Photoshop
必备的基本概念

2

2.1　像素

像素（Pixel）是组成图像的最基本单元，简写"PX"，具体来说是一个非常小的方形颜色块。线是由无数个点组成的，面是由无数条线组成的，即一个平面由无数个点组成。同理，一幅图像其实是由一定数量的点（颜色块）构成的，而这些点（颜色块）就是像素。

将图像放大就可以直观地看到图像其实是由许多的像素组成的。

像素的属性

● 一般情况下，像素是带有高度、色调、色相、色温和灰度等颜色信息的正方形块。

● 像素的大小不是固定的，它和分辨率有一定的关系。

你问我答

Q 像素的大小是固定的吗？一个像素有多大？

A 它的大小不是固定的，它的边长也是不固定的。像素和分辨率有一定的关系，在没有给出分辨率的情况下，无法确定一个像素的大小。

2.2　分辨率

2.2.1　图像分辨率

图像分辨率是指图像单位面积内像素的多少。分辨率越高，单位面积内的像素越多，图像的信息量越大。分辨率越低，单位面积内的像素越少，图像的信息量越小。

图像分辨率的单位是像素数 / 平方英寸（ppi），ppi 其实是 Pixels Per Inch 的首字母缩写。例如，72ppi 表示该图像每平方英寸含有 72×72 个像素，300ppi 表示该图像每平方英寸含有 300×300 个像素。

2.2.2　设备分辨率

设备分辨率，即输出分辨率，是指各类输出设备每英寸上所代表的像素点数，在扫描仪、打印机和数码相机中都会见到，用来衡量打印机的打印精度。设备分辨率的单位是点数 / 平方英寸（dpi），dpi 是 Dots Per Inch 的首字母缩写。例如，

120dpi 表示该打印机每平方英寸含有 120×120 个像素点，250dpi 表示该打印机每平方英寸含有 250×250 个像素点。

图像分辨率可以更改，在 Photoshop 中就可以设置图像的分辨率，而设备分辨率不可更改，如电脑屏幕的分辨率就无法改变。

你问我答

Q 已知 1 英寸 ≈ 2.54 厘米，求图片的分辨率各为 72ppi、96ppi、300ppi 时，每个像素的边长是多少？

A 若图片的分辨率为 72ppi（该图像每平方英寸含有 72×72 个像素），则 1 厘米 ≈ 28 像素，1 像素 ≈ 0.35 毫米。

图片分辨率为 96ppi，则 1 厘米 ≈ 38 像素，1 像素 ≈ 0.26 毫米。

若图片分辨率为 300ppi，1 厘米 ≈ 118 像素，1 像素 ≈ 0.08 毫米。

2.3　位图与矢量图

2.3.1　位图

位图是由像素的单个点构成的图像，缩放会失真。

举例来说，位图图像就像莫高窟里雕刻出来的巨大佛像，从很远的地方看它是一个佛像，但靠近时看到的却是一块块的石头。位图的格式有 BMP、JPG、GIF、PSD、TIF 及 PNG 等。

2.3.2　矢量图

矢量图是缩放不会失真的图像。无论显示画面是大还是小，画面上对象对应的算法是不变的，所以，即使对画面进行缩放，其显示效果仍然清晰不失真。

举例来说，矢量图就好比告诉了一个图形的各个坐标，然后要求以不同的单位长度画出这个图形。

无论怎么画，画多大或多小，这个图像都很清晰。也就是说矢量图无论放多大或缩多小，图像都不会失真。矢量图的格式有 AI、EPS、DWG、CDR、WMF 及 EMF 等。

Photoshop 主要处理的是位图图像。

2.3.3　位图和矢量图的相互转化

位图和矢量图之间如何相互转化？将位图转换成智能对象，位图将具有矢量图的性质；将矢量图栅格化，矢量图将具有位图的性质。具体的操作方式会在 3.3.10 节和 3.3.11 节进行详细讲解。

你问我答

Q 矢量图和位图各有什么优缺点？

A 位图由像素点组成，优点是包含位置和颜色的信息，色彩丰富，能很细腻地表现图片的效果；缺点是不能放太大，减小文件分辨率后会影响图片质量，且图片占空间较大。

矢量图由直线和曲线构成，优点是可以描述图像的几何特性，精度很高，不会失真，支持无限放大或缩小，且不会影响图像质量，除此之外，文件体积还较小，编辑灵活；缺点是表达的色彩层次整体效果不如位图，因而矢量图多用于文字、表格和卡通图片等。

2.4　认识色彩模式

色彩模式（颜色模式）是用数字表示颜色的一种算法，是用来显示和打印图像的颜色模型。

主要的色彩模式有 HSB、RGB、CMYK、Lab、灰度、位图、双色调、索引颜色和多通道等，每种颜色模式都有其特殊的用途，常用的是 HSB 模式、RGB 模式和 CMYK 模式。

2.4.1　HSB色彩模式

H 表示色相，S 表示饱和度，B 表示明度。在表述颜色时，一般用的是 HSB 模式，因为人眼看到的就是色相、饱和度和明度。

色相指色彩可以呈现出来的质地面貌。通俗地讲，色相就是色彩的相貌或图像的颜色，如红、蓝、绿和黄等。色相不是通过百分比，而是以 0 度

~360 度的角度来表示，它类似一个颜色环，颜色沿着环进行规律性的变化，因此也有 12 色相环和 24 色相环等。黑色、白色、灰色没有色相。

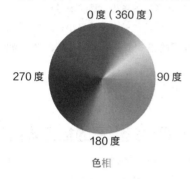

0 度（360 度）

270 度　　　90 度

180 度

色相

饱和度表示图像颜色的浓度和鲜艳程度。通俗地讲，就是颜色的深浅。如红色可以分为深红色、洋红色和浅红色等。饱和度高，色彩较艳丽；饱和度低，色彩就接近灰色。黑色、白色、灰色没有饱和度。

低

高

饱和度

明度也称为亮度，指各种颜色的明暗度。通俗地讲，就是表示颜色的强度。明度高，色彩明亮；明度低，色彩暗淡。明度最高得到纯白，最低得到纯黑。

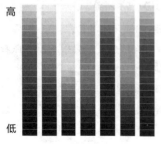

高

低

明度

HSB 使用方法：选取颜色时，先确定色相，再确定饱和度和明度。

HSB 作用对象（媒介）：人眼（眼睛视觉细胞）。

HSB 应用举例：拾色器。

HSB 三者的等级表示：色相以度划分，饱和度和明度以百分比划分。

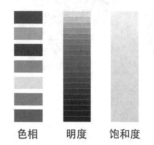

色相　　　明度　　　饱和度

你问我答

Q 有一种红色，如果描述它时说它是深红，是在描述明度还是饱和度？如果描述它时说它是亮红，是在描述明度还是饱和度？

A 深红，很明显是在说颜色的浓度，即在描述饱和度。亮红是在说颜色的明暗度，即在表述明度。

2.4.2　RGB色彩模式

R 表示红色，G 表示绿色，B 表示蓝色。RGB 代表光的三原色。

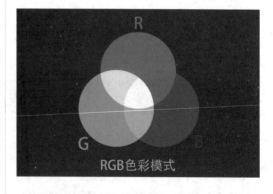

RGB色彩模式

光的三原色红（R）、绿（G）、蓝（B）各有 0~255 个等级表示亮度的强度。RGB 值代表光亮度的强度值，数值越小亮度越低，数值越大亮度越高。

下面列举几种常见颜色的 RGB 值。

白色：R=255、G=255、B=255

黑色：R=0、G=0、B=0

纯红色：R=255、G=0、B=0

纯绿色：R=0、G=255、B=0

纯蓝色：R=0、G=0、B=255

中性灰：R=128、G=128、B=128

当R、G、B这3种成分值相等时，产生灰色，也就是说灰色的R、G、B值相等（除了0和255）。

光的三原色中，红色加绿色得到黄色，蓝色加绿色得到青色，红色加蓝色得到品红色，红色加蓝色加绿色得到白色，没有任何一种色光相加可以得到黑色。红色的互补色为青色，绿色的互补色为品红色，蓝色的互补色为黄色。

单独增加R成分，图片偏红；增加G成分，图片偏绿；增加B成分，图片偏蓝。例如，R=235、G=20、B=50，可以判定叠加后的颜色偏红。注意光色的三原色是红、绿和蓝；颜料的三原色是红、黄和蓝；印刷的三原色是青、品红和黄。

你问我答

Q 在RGB色彩模式下，如果已知R=100、G=102、B=105，可以判定叠加后是什么颜色？当R=2、G=15、B=250，可以判定叠加后是什么颜色？当R=2、G=238、B=244，可以判定叠加后是什么颜色？

A 当R=100、G=102、B=105时，叠加后是灰色。当R=2、G=15、B=250时，叠加后是蓝色。当R=2、G=238、B=244时，叠加后是青色。

2.4.3 CMYK色彩模式

CMYK的C（Cyan）表示青色，M（Magenta）表示品红色，Y（Yellow）表示黄色，K（Black）表示黑色，C、M、Y是青色、品红色和黄色的相应英文首字母缩写，而K取的是Black最后一个字母，之所以不取首字母，是为了避免与蓝色（Blue）混淆。

CMY色彩模式

CMYK值代表油墨的强度值，亮颜色代表印刷色油墨颜色百分比比较低，而暗颜色代表印刷色油墨颜色百分比比较高。

下面列举几种常见颜色的CMYK值。

白色：C=0%、M=0%、Y=0%、K=0%

黑色：C=100%、M=100%、Y=100%、K=100%

纯青色：C=100%、M=0%、Y=0%、K=0%

纯品红色：C=0%、M=100%、Y=0%、K=0%

纯黄色：C=0%、M=0%、Y=100%、K=0%

中性灰：C=50%、M=50%、Y=50%、K=0%

纯红色：C=0%、M=100%、Y=100%、K=0%

品红色加黄色得到红色，青色加黄色得到绿色，青色加品红色得到蓝色，青色加品红色加黄色得到黑色（但实际因为印刷技术限制得不到纯黑，所以才在CMY色彩模式里引入了K）。青色的互补色为红色，品红色的互补色为绿色，黄色的互补色为蓝色，K值主要影响明暗。

CMYK色彩模式和RGB色彩模式有哪些不同之处？

● RGB模式是以色光三原色为基础建立的色彩模式，是电脑、手机、投影仪、电视等屏幕显示的最佳颜色模式。CMYK是印刷四原色，是彩色印刷时采用的一种色彩模式。

RGB色彩模式可以这样去理解，人在黑暗的电影院中，仍然可以看见电影屏幕上的内容，因为 RGB 是一种发光的色彩模式，作用媒介是各种显示器。

　　CMYK 色彩模式可以这样去理解，人在读书时，自然光会照射到书上，书上的字再反射到人眼中，人才看到书本上的内容。它需要有外界光源（在黑暗房间内是无法读书的），因为 CMYK 是一种印刷（反光）的色彩模式，作用媒介是各种印刷制品。

　　● RGB 灰度表示色光的亮度，CMYK 灰度表示油墨的浓度。

　　RGB 通道灰度图较白表示亮度（发光程度）较高，较黑表示亮度（发光程度）较低，纯白表示亮度最高，纯黑表示亮度最低。CMYK 通道灰度图中较白表示油墨含量较低，较黑表示油墨含量较高，纯白表示完全没有油墨，纯黑表示油墨浓度最高。

　　● 图像用 RGB 模式在显示器上呈现，图像用 CMYK 模式在印刷品上呈现。

2.4.4　Lab色彩模式和灰度色彩模式

　　Lab 的 L 表示亮度，a 表示从红色到绿色的范围，b 表示从黄色到蓝色的范围。L 有 0~100 个等级表示色彩的亮度，a 和 b 有 −128~+127 个等级。a 为 +127 是红色，a 为 −128 是绿色。b 为 +127 是黄色，b 为 −128 是蓝色。可以说，Lab 色彩模式包含大自然的所有颜色，甚至包括一部分人眼看不到或辨别不出的颜色。

　　灰度色彩模式属于 RGB 色域。

　　● 在 RGB 色彩中，当 R、G、B 的数值相等时，显示的就是灰度色彩模式。

　　● 所谓灰度色，就是指纯白、纯黑和两者中间的一系列从黑到白的过渡色。平常所说的黑白照片、黑白电视，实际上是灰度照片和灰度电视。

　　● 灰度色中不包含任何色相，也就是说在灰度图中，不存在红色、绿色、蓝色和黄色这样的彩色。下面的两张图，一张是 RGB 色彩模式，一张是灰度色彩模式。

2.4.5　互补色

　　在光学中将两种色光以适当的比例混合而产生白色的色光，这两种颜色就互称为"补色"。最常见的互补色有青色与红色、品红色与绿色、黄色与蓝色。在色相环里，任意一条直径两端的颜色皆为互补色。

　　下图是一个六色的色相环，在色相环里虚线两端的两种颜色即为互补色。

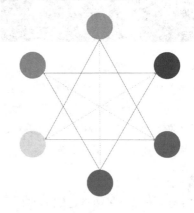

　　两种互补色相互之间的关系是此消彼长的。例如，加亮黄色，则蓝色减暗；加亮品红色，则绿色减暗。以下面这张图片为例，利用【曲线】工具（3.3.8 节会详细介绍）来探究一下互补色之间的关系。

　　如果在图像中减去一部分蓝色，会得到如下图像。新图像表明，图像的蓝色变少，黄色却增加了。

如果在图像中减去一部分黄色，会得到如下图像。新图像表明，图像的黄色变少，蓝色却增加了。所以，两种互补色相互之间是此消彼长的关系。

你问我答

Q 要让下面这张图像显示泛蓝的色调，除了在图像中加入蓝色，还有没有其他操作？

A 除了在图像中加入蓝色，还可以加青色和品红色，因为青色、品红色叠加可得到蓝色。

2.4.6 加减色模式

在学习加减色模式之前，再看一下六色的色相环，在色相环中虚线两端的两种颜色为互补色，而且两种互补色相互之间是此消彼长的关系。

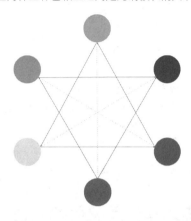

光的三原色为红、绿、蓝，红色加绿色得到黄色，蓝色加绿色得到青色，红色加蓝色得到品红色。印刷三原色为青色、品红色、黄色，品红色加黄色得到红色，青色加黄色得到绿色，青色加品红色得到蓝色，再结合六色的色相环可以发现，色相环上的每一种颜色都可以由与它相邻的两种颜色叠加而来。

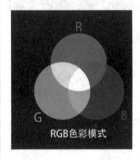

RGB色彩模式

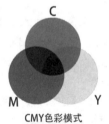

CMY色彩模式

现在有一个问题，前边让一张图像显示泛蓝色调的两种操作方案有什么区别？哪种方式更好？

这就涉及本节要介绍的内容——加减色模式。

加色模式就是颜色越加，明度越高。例如，红色加绿色加蓝色，最后得到白色，白色的明度是100，而其他的色彩明度一定小于100，所以RGB是加色模式。

减色模式就是颜色越加，明度越低。例如，品红色加黄色加青色，最后得到黑色，黑色的明度为

0，而其他的色彩明度一定大于 0，所以 CMYK 是减色模式。

减色模式

提示

加红色、加绿色、加蓝色、减青色、减品红色和减黄色都是加色模式，图像变亮。
加青色、加品红色、加黄色、减红色、减绿色和减蓝色都是减色模式，图像变暗。

加减色模式的实质是通过色相的混合，对颜色的明度产生影响。如果图像比较暗，一般选择加色模式来提亮；如果图像比较亮，一般选择减色模式来压暗。

例如，需要在下面的图像中增加蓝色，用加减色模式应该怎么操作？加减色模式调整有什么区别？

蓝色和黄色是互补色，要增加蓝色，可以减少黄色，而减少黄色是加色模式，调整后图像偏亮蓝色。青色和品红色混合得到蓝色，要增加蓝色，可以增加青色和品红色，而增加青色和品红色是减色模式，调整后图像偏暗蓝色。

加色模式

你问我答

Q 要减少下面这张图像的黄色，用加减色模式调节，分别该如何操作？最后的效果图有什么区别？

A 黄色和蓝色是互补色，要增加黄色，可以减少蓝色，这是减色模式，调整后图像偏暗黄色。红色和绿色混合得到黄色，要增加黄色，可以增加红色和绿色，这是加色模式，调整后图像偏亮黄色。

2.5 Photoshop中的常用术语

2.5.1 图层

图层是含有文字或图形等元素的胶片。

关于图层，其实很好理解。举个例子，笔者想在透明的手机膜上画一幅人像画。首先，在手机膜的适当位置画出人物的头发，再找一张手机膜在适当的位置画出眉毛，接着找一张手机膜在适当的位置画出眼睛，然后分别画出耳朵、鼻子和衣服，最后将这些透明的手机膜叠起来，得到一个完整的人像图像，其中每一张手机膜就是一个图层。

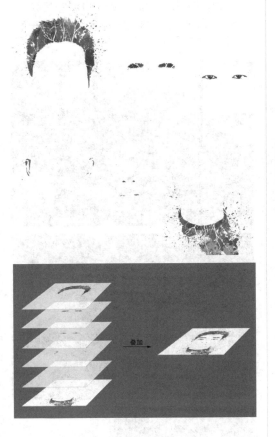

为什么不在一个图层上画完，分成多个图层画有什么好处？

分成图层后，可以单独移动或修改需要调整的某一个特定区域。例如，只需要修改眼睛，那就单独拿出眼睛的图层修改，其他的图层完全不受影响。这样做会提高修图的效率，降低修图的成本。

注意图层是含有文字或图形等元素的胶片，图像是图层组合起来最终形成的画面效果。还是用上面的例子来说明，多张手机膜组成一个完整的人像，最终叠起来的效果图叫图像，而每一张单独的手机膜叫图层，也就是说图像包含了图层，一个图像可以有多个图层。

2.5.2 选区

在进行图像编辑时，需要对图层中某部分的像素进行处理，就需要把这部分的区域单独选择出来，选出来的这个部分就叫作选区。

选区是封闭的区域，它可以是任何形状，但不存在开放的选区。

在 Photoshop 中，选区表现为一个封闭的、游动的、虚线的区域。由于选区虚线看上去像是一群移动的蚂蚁，因此俗称为蚂蚁线。蚂蚁线以内是选区范围，即可以编辑的部分，蚂蚁线以外是受保护的区域，也就是说这部分无法编辑。

选区就是选择图层中的一个区域，举个例子，将上图中第 5 块橘子变成比较黄的颜色，该如何操作？

很多图可以直接调色（针对整体），但是这个图不行，因为只要求第 5 块橘子变色，所以先做一个选区，然后用调色工具调整。

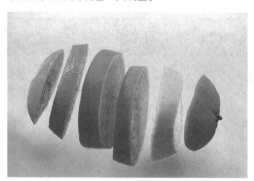

2.5.3　图层蒙版

图层蒙版是蒙在图层上面的"特殊玻璃"，保护不需要处理的部分，保护图像不受编辑操作的破坏。

关于图像处理的很多工作不是一蹴而就的，它是一个反复修改的过程，而蒙版对原始素材起到了保护作用，原素材是零损失的。有删除和擦除这两个动作的地方都可以用蒙版来代替，删除和擦除是一种有破坏性的编辑，它们对图层内容的伤害是不可逆的，而蒙版只是暂时隐藏选中的图像部分，可以随时对该部分图像进行继续隐藏或恢复等操作。

在图层蒙版中，黑色就是遮住当前图层的内容，显示当前图层下面一个可见图层的内容，白色是显示当前图层的内容。蒙版中的灰色则会形成一种半透明效果，当前图层会在下面图层的内容中若隐若现。

图层蒙版的实质是调整图层的不透明度。不同的蒙版将不同灰度值转化为不同的透明度，并作用到它所在的图层，使图层不同部位的透明度产生相应的变化，黑色为完全透明，白色为完全不透明，灰色为半透明。

举例说明。

01 在 Photoshop 中打开"练习 \2-5 Photoshop 中的常用术语 \1- 图层蒙版练习 1 和 1- 图层蒙版练习 2"素材，有两个图层，上面一层是人像，下面一层是风景。

02 给人像图层添加一个图层蒙版，然后将这个蒙版分别填充成黑色、白色和一定程度的灰色。

　　可见在蒙版中，黑色就是遮住当前图层的内容，显示当前图层下面的一个可见图层的内容，白色则是显示当前图层的内容，灰色则是半透明状，当前图层会在下面图层的内容中若隐若现。

　　对于边缘比较复杂的图像，如人像的头发，利用通道来抠图效果比较好。

2.5.4　通道

　　通道是用来存储构成图片信息的灰度图像（黑白灰）。

　　每个单通道都是用来存储构成图片信息的灰度图像（黑白灰），图像中的这些黑白灰代表了各种色光（红绿蓝）在各个通道里的分布。

　　举个例子。如果想知道下面这张图中蓝色色光的分布情况，那么调出蓝色通道即可，在通道的灰度图像里，越白的地方代表蓝色色光分布越多，越黑的地方代表蓝色色光分布越少。

2.5.5　路径

路径是用路径工具（钢笔工具）创建的，由线段（直线或曲线）和锚点构成的开口或闭合的矢量图形。

路径具有矢量性，缩放不失真，同时，它也具有灵活性，创建和修改非常方便。

下面一张素材图像，要求在素材右半部分展现一个呈圆形分布的句子。

01 打开"练习 \2-5 Photoshop中的常用术语 \2-路径练习"素材，然后使用【椭圆工具】画一个圆（路径），描边和填充都选择"无颜色"。

02 选择【横排文字工具】，将鼠标光标置于路径上，当出现波浪线时单击，在路径上即会出现输入光标，输入文字，并调整大小即可。

2.6　图片的存储格式

PSD 格式： PSD 是 Photoshop 默认的文件格式。一般在 Photoshop 中处理完图像文件之后，都会将文件保存为 PSD 格式，PSD 格式的图像支持随时修改，调整所有的图层、蒙版、通道、路径、未栅格化的文字和图层样式等。

GIF 格式： GIF 支持透明背景的动画，主要用于网络。

JPEG 格式： JPEG 具有较好的压缩效果，但会损失掉图像的某些细节，主要用于印刷和网络。

PDF 格式： PDF 支持矢量数据和位图数据，主要用于出版物。

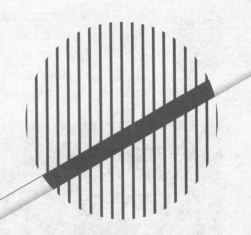

第 3 章

从学习 Photoshop
工具开始

3

3.1　Photoshop操作界面概括

扫码轻松学

Photoshop 的界面由名称栏（软件名称和图片名称）、菜单栏、属性栏、工具箱、图像窗口、浮动面板、状态栏和开关按钮组成。

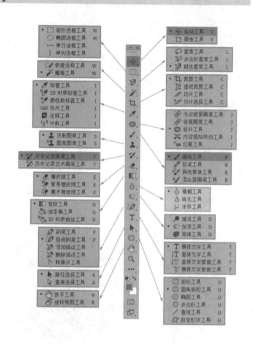

3.1.1　工具箱

Photoshop 的工具箱位于软件界面左边，包括 4 个工具组。

选取和移动工具组：包括移动工具，选框工具，套索工具，魔棒工具和快速选择工具，以及裁剪工具和吸管工具等。

绘画与修饰工具组：包括渐变工具、污点修复画笔工具、画笔工具、仿制图章工具、历史记录画笔工具、橡皮擦工具、减淡工具和加深工具等。

矢量工具组：钢笔工具、横排文字工具、路径选择工具、直接选择工具和自定形状工具等。

辅助工具组：抓手工具、缩放工具和编辑工具栏工具等。

3.1.2　浮动面板

在浮动面板中可以很方便地选择与"色板""样式""图层""通道"和"动作"等相关的具体菜单命令。

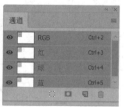
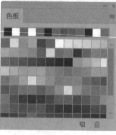

面板可以分离，也可以合并，直接拖动面板标签即可。如果将面板弄乱，想要让它快速复原，在菜单栏选择【窗口＞工作区＞复位基本功能】即可。按快捷键 Shift+Tab 可以显示／隐藏面板。

3.1.3 更改界面显示

在菜单栏中执行【编辑＞首选项＞常规】命令或按快捷键 Ctrl+K，可以对界面的颜色、字体大小、工作区、历史记录、文件处理、性能，以及单位与标尺、参考线等进行设置。

例如，可以将 Photoshop 的界面颜色改为深灰色和浅灰色。在后期处理照片的过程中，很多时候要反复修改，经常需要回到上几步处理的效果，

Photoshop CC 2017 默认的历史记录是可以返回 20 步，同时可以更改成其他的步数。

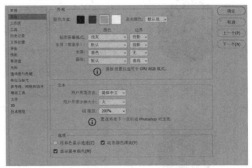

3.2 必须掌握的常用工具

▶ 扫码轻松学

3.2.1 移动工具

移动工具的快捷键为 V。

移动工具用来移动所选图层和选区的位置，按住 Alt 键并移动鼠标指针，可以复制当前图层。按键盘上的方向键，可以使图像以 1 个像素为单位按照指定的方向移动。按住 Shift 键的同时按住这些方向键，可以使图像以 10 个像素为单位移动。

a   b   c   d   e

f

a 为移动工具的图标。

b 为自动选择复选框。勾选"自动选择"复选框后，在具有多个图层或多个组的图像上单击，软件会自动选中单击位置所在的图层或组。

c 为图层或组。此选项决定"自动选择"复选框的是图层还是组。

d 为显示变换控件复选框。勾选"显示变换控件"复选框后，被选择图层的四周将出现控制点，可以方便地调整被选择图层的大小和方向。

例如，下图中的素材有两个图层，选中"图层 1"图层后，勾选【移动工具】属性栏中的"显示变换控件"复选框，素材图四周出现控制点。

e 为对齐图层。当同时选中两个或两个以上的图层时，单击相应的按钮可以对齐所选图层。

例如，下图中的素材加上背景共包含 4 个图层，按住 Ctrl 键，依次选定 3 个要对齐的图层。

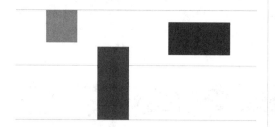

分别对图层进行顶对齐、垂直居中对齐和底对齐。

f 为分布图层。如果选择了 3 个或 3 个以上的图层，单击相应的按钮可以均匀排列分布所选图层。

例如，按住 Ctrl 键，依次选定 3 个要排列的图层。

分别对图层进行按顶分布、垂直居中分布和按底分布。

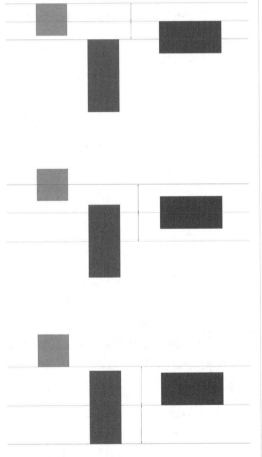

根据上述方法，打开"练习 \3-2 必须掌握的常用工具 \1- 移动练习 1 和 1- 移动练习 2"素材，用下面两张图像进行练习，将橙子移动到桌子上，覆盖笔记本。这里可以借助"显示变换控件"属性，调整橙子图层的大小。

3.2.2 矩形选框工具

矩形选框工具的快捷键为 M。

选框工具和选区是一一相关的，在 2.5.2 节已经简单介绍过选区。选框工具组包括矩形选框工具、椭圆选框工具、单行选框工具和单列选框工具，因为各个工具只在绘制的选区形状方面有差别，其他功能基本一致，因而只讲解矩形选框工具。

在图像需要绘制选区的位置按住鼠标左键，然后拖动到合适的位置即可。

在用【矩形选框工具】绘制选区时，按住 Shift 键可以绘制出正方形。

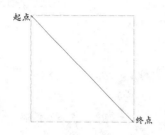

按住 Alt 键，得到的选区是以起点作为中心点，最后松开的点作为终点的矩形。

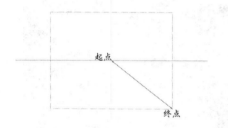

同时按住 Shift 键和 Alt 键，得到的选区将是以起点作为中心点，最后松开的点作为终点的正方形。

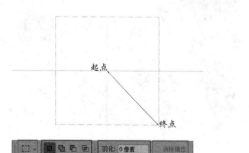

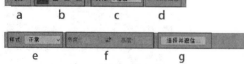

a 为矩形选框工具的图标。

b 为新旧选区的 4 种模式：新选区、添加到选区、从选区减去和与选区交叉。

新选区：在此模式下，可以画出任意大小的选区，如果已经画了一个选区，那么在画新选区的过程中，旧选区将消失，新选区将保留。

添加到选区：在此模式下，可以在旧选区的基础上添加新选区，添加新选区的过程中，如果新选区与旧选区不重合，旧选区也不会消失，如果新选区与旧选区有重合，那重合的部分会叠加在一起。

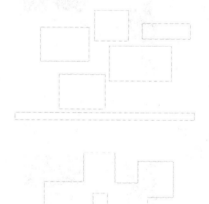

从选区减去：在此模式下，可以在旧选区的基础上添加新选区，添加新选区的过程中，新选区与旧选区必须要有重叠，重叠的部分将被丢弃，其他部分被保留。

与选区交叉：在此模式下，新旧选区交叉重合部分将被保留，其他部分被丢弃。

一般都在新选模式下绘制选区，如果后期需要重新绘制或需要绘制一些特殊形状选区，就要选择适当的模式对旧选区进行保留、增加和减去。

c 为羽化。虚化选区内外衔接的部分，起到渐变过渡或平滑边缘的作用，羽化可使选区边缘的像素变得模糊，有助于所选区域像素与周围像素的混合，羽化值越大，虚化范围越大；羽化值越小，虚化范围越小。

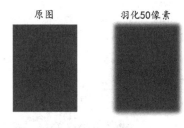

d 为消除锯齿。Photoshop 中的图像由像素构成，像素是方形的，因而在创建弧形对象时图像边缘会出现锯齿，消除锯齿可以使图像边缘变得圆滑。

e 为样式。主要针对选框的高度和宽度，包括正常、固定比例和固定大小 3 种样式。

f 为宽度和高度。当样式选择固定比例时，可以输入宽度、高度比例；当样式选择固定大小时，可以输入宽度、高度值。

g 为选择并遮住。这是一个非常重要的命令，在后面的章节会详细说明。

01 按快捷键 Ctrl+O 打开"练习 \3-2 必须掌握的常用工具 \2- 选框练习"素材。

02 选择【矩形选框工具】，在如图位置拖出一个矩形选区。

03 选择【移动工具】，将鼠标光标放在选区内拖动，即可对选区内图像进行移动，而图像原来的位置被背景色填充。

04 选择【移动工具】，按住 Alt 键，将鼠标光标放在选区内拖动，即可复制选区内的图像。

05 按快捷键 Ctrl+D 取消选区。

3.2.3　套索工具

套索工具的快捷键为 L，用来创建任意形状的不规则选区。

在图像窗口的适当位置按住鼠标左键，然后拖动鼠标光标画出想要的形状，最后回到起点位置释放鼠标，即可形成选区。注意画的图形必须是闭合的。

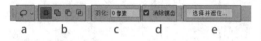

a 为套索工具的图标。

b 为新旧选区的 4 种模式。与矩形选框工具类似。

c 为羽化。

d 为消除锯齿。

e 为选择并遮住。

01 按快捷键 Ctrl+O 打开"练习 \3-2 必须掌握的常用工具 \3- 套索练习"素材。

02 选择【套索工具】，然后在如图所示的位置画一个形状。

03 当形状闭合后会自动转化成选区。

04 选择【移动工具】，按住 Alt 键，将鼠标光标放在选区内拖动，即可复制选区内的图像。

05 按快捷键 Ctrl+D 取消选区。

3.2.4　多边形套索工具

多边形套索工具用来创建多边界形状的不规则选区。

选择【多边形套索工具】，在图像窗口的适当位置单击，然后将鼠标光标移动到其他需要的地方再次单击，在两次单击的点之间，就会形成一条直线，最后在起点位置上单击即可得到想要的选区。注意画的图形必须是闭合的。

a 为多边形套索工具的图标。

b 为新旧选区的 4 种模式。

c 为羽化。

d 为消除锯齿。

e 为选择并遮住。

01 按快捷键 Ctrl+O 打开"练习 \3-2 必须掌握的常用工具 \4- 套索练习"素材。

02 选择【多边形套索工具】，在贺卡最上面的位置单击，然后将鼠标光标移动到贺卡右边角再次单击即可形成一条直线，接着将鼠标光标移动到贺卡最下面的一个角再次单击。

03 同样的方法选完之后，在起点位置单击，图像自动闭合，得到想要的选区。

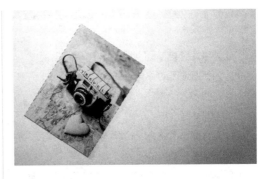

04 选择【移动工具】，按住 Alt 键，将鼠标光标放在选区内拖动，即可复制选区内的图像。

05 按快捷键 Ctrl+D 取消选区。

3.2.5 磁性套索工具

磁性套索工具用来创建与背景颜色有一定差别且边缘比较清晰的图片的选区。

选择【磁性套索工具】，在图像窗口适当位置单击，然后沿着颜色分明的图形边缘移动鼠标光标，软件会自动识别出想要的范围，生成相应的路径，最后当鼠标光标移动到起点附近，在箭头旁出现小圆圈的时候，单击即可得到想要的选区。

a b c d e f g h

a 为磁性套索工具的图标。

b 为新旧选区的 4 种模式。

c 为羽化。

d 为消除锯齿。

e 为宽度。系统将以鼠标指针为中心在设定的宽度范围内选定最大的边缘。

f 为对比度。控制系统检测边缘的精度，对比度越大，所识别的边界对比度也就越高。

g 为频率。控制创建关键点的频率，频率越大，创建关键点的速度越快。

h 为选择并遮住。

01 按快捷键 Ctrl+O 打开"练习 \3-2 必须掌握的常用工具 \5- 套索练习"素材。

02 选择【磁性套索工具】，单击鼠标确定起点。

03 将鼠标光标沿着小南瓜的边缘移动，软件会自动识别出想要的范围，生成相应的路径。

04 当鼠标光标移动到起点附近，在箭头旁出现小圆圈的时候，单击即可得到想要的选区。

3.2.6　魔棒工具

魔棒工具的快捷键是 W，用来为图像中颜色相同或相近区域创建选区。

选择【魔棒工具】，在图像窗口中用鼠标单击所需颜色的任意一点，软件就会自动获取附近区域相同的颜色，使它们处于选择状态，形成相应的选区。

a b c d e f g h

a 为魔棒工具的图标。

b 为新旧选区的 4 种模式。按住 Shift 键自动选择"添加到选区"，按住 Alt 键自动选择"从选区减去"。

c 为取样大小。取样点像素的大小，1×1 就是 1 个像素，3×3 就是 9 个像素。

d 为容差。容忍差别程度，指所选取图像中颜色的接近度。容差越大，图像颜色的跨度越大，选择的区域越大；容差越小，图像颜色的跨度越小，选择的区域越小。

下图是容差为 15 时单击白色背景形成的选区和容差为 30 时单击白色背景形成的选区。

e 为消除锯齿。

f 为连续。 若选中该复选框，则选择图像颜色时只能选择一个区域当中的颜色，不能跨区域选择。

例如，在一个图像中有几个颜色相同的区域（不相交），勾选"连续"复选框，在某一区域中单击，只有该区域会形成选区，而未选中该复选框时，在某一区域中单击，整张图片中相同颜色的区域都将会形成选区。

下图是勾选"连续"复选框后单击左边的苹果和没有勾选"连续"复选框单击时的对比。

g 为对所有图层取样。 当图像中含有多个图层时，勾选该复选框，魔棒工具将对所有可见图层的图像起作用，没有勾选时，魔棒工具只对当前图层起作用。

h 为选择并遮住。

01 按快捷键 Ctrl+O 打开"练习 \3-2 必须掌握的常

用工具 \6- 魔棒练习"素材。

02 选择【魔棒工具】，设置"容差"为 30，然后在白色的背景上单击获取选区，可以按住 Shift 键和 Alt 键对选区进行修改。

03 按快捷键 Shift+F5 弹出填充命令窗口，在命令窗口的"内容"下拉菜单中，选择"颜色"，弹出拾色器窗口。

04 在拾色器窗口中选择一个偏青的颜色（RGB=108、225、168），单击"确定"按钮给选区填充青色。

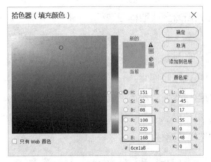

05 按快捷键 Ctrl+D 取消选区。

3.2.7　快速选择工具

快速选择工具的快捷键为 W，通过单击或拖动鼠标指针来快速创建选区。

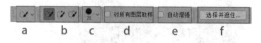

a 为快速选择工具的图标。

b 为选区方式。共有 3 种选区方式。

新选区：没有选区时，默认的选择方式是新建选区。

添加选区：选区建立后，会自动改为"添加到选区"。

减去选区：单击"减去选区"图标或按住 Alt 键，选择方式将变为"从选区减去"。

c 为画笔。决定画笔的大小、硬度及间距等。

d 为对所有图层取样复选框。当图像中含有多个图层时，勾选该复选框，快速选择工具将对所有可见图层的图像起作用，没有勾选时，快速选择工具只对当前图层起作用。

e 为自动增强。勾选该复选框，能够降低选区边缘的粗糙程度。

f 为选择并遮住。

01 按快捷键 Ctrl+O 打开"练习 \3-2 必须掌握的常用工具 \7- 快速选择练习"素材。

02 使用【快速选择工具】，选中图中的键盘创建选区。

03 选择【移动工具】，按住 Alt 键，将鼠标光标放在选区内拖动，即可复制选区内的图像。

04 按快捷键 Ctrl+D 取消选区。

3.2.8 裁剪工具

裁剪工具的快捷键为C，用来除去图像中不需要的部分。

a为裁剪工具的图标。

b为比例。显示当前的裁剪比例，并且在下拉选项中可以设置其他的裁剪比例。

c为裁剪输入框。可以手动输入宽度的、高度的数值，设置新的裁剪比例。

d为清除。清除设置的裁剪比例。

e为拉直。主要处理倾斜的图像。操作时，在图像中按照正确方向拉出一条直线，软件将自动校正倾斜的图像。

f为删除裁剪的像素。勾选该复选框，裁剪完毕后的图像将不可更改，当再次对裁剪图像进行裁剪操作时，已经被裁剪掉的像素无法恢复。

g为内容识别。软件会自动分析周围图像的特点，将图像进行拼接、组合后填充在该区域并进行融合，从而达到快速、无缝的拼接效果。

使用【裁剪工具】，勾选"内容识别"复选框，然后选择"拉直"命令，沿着图中显示器边缘拉出一条直线，此时边缘像素已经被智能填充补回来了。

3.2.9 吸管工具

吸管工具的快捷键是I，用来快速对颜色进行取样。从工具箱选择【吸管工具】后，在图像窗口需要确定颜色的位置单击，会将前景色替换为当前所选颜色，然后单击前景色图标即可打开拾色器，从而确定该颜色的准确颜色值。

a 为吸管工具的图标。

b 为取样大小。

c 为样本。它决定在哪个图层取样。

d 为显示取样环。勾选该复选框后，单击取样点时会出现取样环。

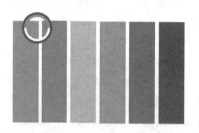

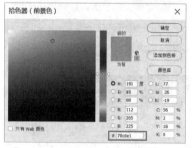

3.2.10　渐变工具

渐变工具的快捷键是 G，用来创建多种颜色间的逐渐混合效果。

在图像窗口中选择【渐变工具】，将鼠标放在图像中要设置渐变的位置，然后单击并拖动到终点位置即可创建渐变。默认状态下，渐变将应用于整个现用图层，如果有选区，渐变将只在选区内进行。

a 为渐变工具的图标。

b 为渐变条。可以选择、设置或存储渐变样式。

c 为渐变类型。有 5 种渐变类型可供选择，分别为线性渐变、径向渐变、角度渐变、对称渐变和菱形渐变。

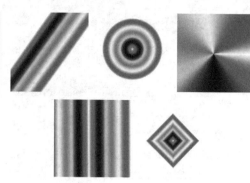

d 为模式。它决定渐变时的混合模式。

e 为不透明度。渐变效果的不透明度。

f 为反向 / 仿色 / 透明区域。反向指反向的渐变效果。仿色用来控制色彩的显示，它使色彩过渡更平滑。若勾选透明区域的复选框后，则可以创建透明渐变；若不勾选，则为创建实色渐变。

01 按快捷键 Ctrl+N 新建一个背景。

02 选择【渐变工具】，然后在属性栏中选择一个渐变，调整渐变类型为线性渐变。

03 将鼠标放在图像最上方，然后单击并拖动如图位置。

04 重复几次，直到渐变覆盖整个素材。

05 执行【滤镜 > 滤镜库 > 龟裂缝】命令。

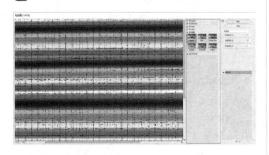

06 得到一个简单的背景素材。

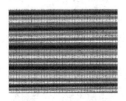

小练习

根据上述方法，用同样的思路制作如下素材——角度渐变。

3.2.11　污点修复画笔工具

污点修复画笔工具的快捷键是 J，用来快速修复图像中的污点和不理想部分。

选择【污点修复画笔工具】，在属性栏调整好画笔大小，然后在图像需要修复的位置按住鼠标左键并单击或拖动，软件即会自动匹配周围图像的纹理、光照、透明度和阴影等，从而修复污点。

a 为污点修复画笔工具的图标。

b 为画笔大小及模式。决定污点修复画笔的大小、硬度及与操作图层之间的混合模式。

c 为类型。它包含了 3 种不同的修复方式。

内容识别：软件会自动分析周围图像的特点，将图像进行拼接组合后填充在该区域并进行融合，从而达到快速无缝的拼接效果。

创建纹理：基于笔触范围内部的像素生成目标像素。

近似匹配：基于笔触外缘的像素生成目标像素。

d 为对所有图层取样。当图像中含有多个图层时，勾选该复选框，【快速选择工具】将对所有可见图层的图像起作用，没有勾选时，【快速选择工具】只对当前图层起作用。

01 按快捷键 Ctrl+O 打开"练习 \3-2 必须掌握的常用工具 \8- 污点修复练习"素材，要求去掉图中的文字。选择【污点修复画笔工具】，然后在属性栏调整画笔的"大小"为 500 像素，"硬度"为 100%，"类型"为内容识别，参数根据图像大小灵活设置。

02 在图像文字的位置按住鼠标左键拖动，直至覆盖文字。

03 松开鼠标，软件会自动匹配周围图像，文字部分已被去掉。

小练习

根据上述方法，打开"练习 \3-2 必须掌握的常用工具 \9- 污点修复练习"素材进行练习。

3.2.12　修复画笔工具

修复画笔工具用来修复图像中的污点和不理想部分。

选择【修复画笔工具】，在图像窗口中调整好画笔大小，然后按住 Alt 键并单击需要的干净取样点，

从图像中取样，接着在需要修复的位置按住鼠标左键单击或拖动，软件即会自动匹配周围图像的纹理、光照、透明度和阴影等，从而修复污点。

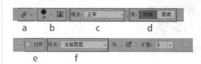

a 为修复画笔工具的图标。

b 为画笔。设置修复画笔的大小及硬度等参数。

c 为模式。设置修复画笔与操作图层之间的混合模式。

d 为源。若选择"取样"，则必须按住 Alt 键同时单击取样并使用当前取样点修复目标。若选择"图案"，则在"图案"列表中选择一种图案并用该图案修复目标。

e 为对齐。不勾选该复选框时，每次拖动后松开鼠标再拖动，都是以按住 Alt 键时选择的同一个样本区域修复目标，也就是说取样点一直固定不变。而勾选该复选框时，每次拖动后松开再拖动，都会接着上次未复制完成的图像修复目标，也就是说取样点会随着拖动范围的改变而改变。

f 为样本。如果选择对"当前图层"取样，则只能从当前被选定的图层中取样。如果选择对"当前和下方图层"取样，则只能从被选定的图层和它下面的图层中取样。如果选择对"所有图层"取样，则可从所有可见图层中对数据进行取样。

01 按快捷键 Ctrl+O 打开"练习 \3-2 必须掌握的常用工具 \8- 污点修复练习"素材，要求去掉杯子。选择【修复画笔工具】，然后在属性栏调整画笔"大小"为 1200 像素（能够覆盖杯子），"硬度"为 60%。

02 按住 Alt 键并单击杯子上方的干净背景，从图像中取样。

03 在杯子的位置拖动鼠标，松开鼠标后，软件会自动匹配周围图像，杯子部分已被去掉。

小练习

根据上述方法，打开"练习\3-2 必须掌握的常用工具\10- 污点修复练习"素材进行练习。

3.2.13 修补工具

修补工具用来修复图像中的裂痕、斑点及污点等缺陷。

选择【修补工具】，把图像中需要修复的污点部

分圈起来，得到一个选区，然后拖动到干净的区域释放鼠标，即可修复图像中的污点。

a 为修补工具的图标。

b 为新旧选区的 4 种模式。

c 为修补。默认选项是"正常"，可选"内容识别"选项，相对来说"内容识别"选项会更加精确地修补图像。

d 为源/目标。如果选择"源"，拖动建立的区域，会用拖动到的区域修补选区区域。如果选择"目标"，拖动建立的区域，会用选区区域修补拖动到的区域。

e 为透明。它控制修复后的图像是边缘融合还是纹理融合。

01 打开"练习\3-2 必须掌握的常用工具\8- 污点修复练习"素材，要求去掉花盆部分。

02 选择【修补工具】，在如图所示的位置按住鼠标并拖动，将花盆圈起来。

03 按住鼠标左键并拖动到右下方干净的背景区域，然后松开鼠标左键，花盆部分就被去掉了。

a 为画笔工具的图标。

b 为画笔的下拉面板。

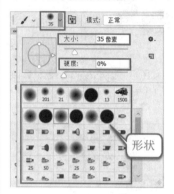

"**大小**"：决定画笔的大小。选择"硬角"画笔，"硬度"为 100%，"不透明度"为 100%，"流量"为 100%，画笔"大小"分别为 50 像素和 100 像素进行绘制。

小练习

根据上述方法，打开"练习 \3-2 必须掌握的常用工具 \11- 修补练习"素材进行练习。

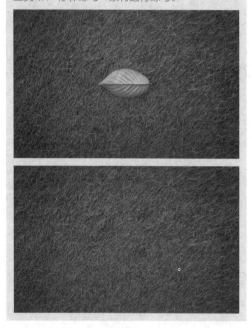

"**硬度**"：决定画笔的边缘过渡效果。硬度越大，边缘越锐利清晰；硬度越小，边缘越平滑模糊。

3.2.14　画笔工具

画笔工具的快捷键是 B，用来绘制具有画笔特性的线条或图像。

选择【画笔工具】，可以在属性栏设置画笔的大小、硬度、不透明度、流量、模式、样式及颜色等属性，在图像窗口用鼠标左键单击或拖动即可绘制。

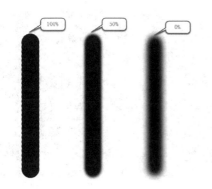

画笔形状有硬角、柔角、蜡笔、碎片、枫叶和白云等。

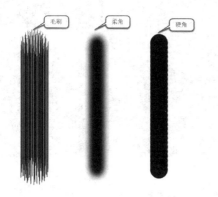

画笔预设：用来对画笔进行一系列的设置。例如，对形状、分布和杂边等进行调整，然后创建出不同的效果。画笔颜色由前景色决定。

c 为模式。画笔所画内容与下层图像的混合模式。

d 为不透明度。决定画笔所画内容整体颜色的浓度。

e 为流量。与不透明度有些类似，指画笔颜色的喷出浓度（画笔颜色的浓度）。

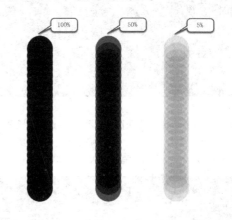

3.2.15　仿制图章工具

仿制图章工具的快捷键是 S，用来消除图像中的斑点、杂物和瑕疵，主要用于修复图像。

选择【仿制图章工具】，在属性栏中设置画笔属性、模式、不透明度和流量等属性后，单击鼠标并按住 Alt 键取样，在需要修复的地方涂抹即可。

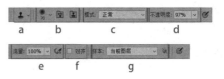

a 为仿制图章工具的图标。

b 为画笔下拉面板。

c 为模式。

d 为不透明度。

e 为流量。

f 为对齐。不勾选该复选框时，松开鼠标后再拖动，则是以按下 Alt 键时选择的同一个样本区域修复目标，取样点固定不变。勾选该复选框时，则会接着上次未复制完成的图像修复目标，取样点会随着拖动范围的改变而改变。

g 为样本。

01 按快捷键 Ctrl+O，打开"练习 \3-2 必须掌握的常用工具 \12- 图章练习"素材，要求去掉右边的马。

02 选择【仿制图章工具】，在属性栏中选择"柔角"画笔，调整"大小"为 500 像素，"硬度"为 100%。在图像右下角按住 Alt 键并单击鼠标取样。

03 在需要修复的马匹上涂抹。

04 在操作过程中，可以根据背景的具体情况多次取样，多次涂抹，最终得到效果图。

3.2.16　历史记录画笔工具

历史记录画笔工具的快捷键是 Y，用来将编辑中的图像恢复到某一历史状态，可以起到突出画面重点的作用。选择【历史记录画笔工具】，在属性栏中设置画笔属性、不透明度和流量等，然后在历史记录面板中设置好历史记录画笔源，最后在图像窗口单击或拖动即可。

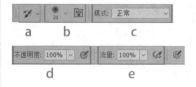

a 为历史记录画笔工具的图标。

b 为画笔属性设置。

c 为模式。

d 为不透明度。

e 为流量。

01 打开"练习 \3-2 必须掌握的常用工具 \13- 历史记录画笔练习 1"素材，要求突出图像中的花朵，背景部分黑白化。

02 按快捷键 Ctrl+ Shift +U，将素材去色。

03 选择【窗口 > 历史记录】，在"打开"的历史记录前打钩，将素材刚打开时的状态设置为历史记录画笔源，其实历史记录画笔的源就是所选定的、要恢复的图像状态。

04 选择【历史记录画笔工具】，在属性栏中选择"柔角"画笔，设置"大小"为 1000 像素，"硬度"为 50%，在需要修复的花朵上涂抹。

05 在操作过程中，可以灵活调整画笔笔触参数，放大或缩小图像，最终得到效果图。

小练习

根据上述方法，打开"练习 \3-2 必须掌握的常用工具 \13- 历史记录画笔练习 2"素材进行练习。

3.2.17　橡皮擦工具

橡皮擦工具的快捷键是 E，用来擦除图像中不需要的部分。

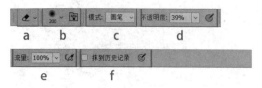

a 为橡皮擦工具的图标。

b 为画笔属性设置。

c 为模式。

d 为不透明度。

e 为流量。

f 为抹到历史记录。通过抹除，使图像回到原始状态。

01 打开"练习 \3-2 必须掌握的常用工具 \14- 橡皮擦练习"素材，该素材包含了背景和水果两个图层。要求擦掉"水果"图层猕猴桃周围的白色部分，让猕猴桃更好地融入"背景"图层中。

02 选择【橡皮擦工具】，在属性栏中选择"柔角"画笔，设置"大小"为 600 像素，"硬度"为 50%，"不透明"为 50%。选择"水果"图层，用鼠标涂抹猕猴桃周围的白色部分。

03 在操作过程中，灵活调整画笔笔触和参数，最终得到效果图。

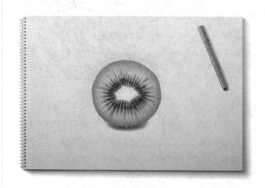

3.2.18　减淡工具

减淡工具的快捷键是 O，通过增加图像的曝光度，使涂抹过的区域颜色变浅，主要用来修复曝光不足的图像、减淡图像局部的颜色。

a 为减淡工具的图标。

b 为画笔属性。

c 为范围。

高光范围： 只对高光区域进行颜色提亮调整。

阴影： 只对暗部区域进行颜色提亮调整。

中间调： 只对中间调区域进行颜色提亮调整。

d 为曝光度。 减淡的强度和流量类似。

e 为保护色调。 防止颜色发生色相偏移。

01 打开"练习\3-2 必须掌握的常用工具\15-减淡练习"素材，要求提亮图像中的小浆果。

02 选择【减淡工具】，设置"范围"为中间调，画笔"形状"为柔角，"大小"为100像素，"硬度"为50%，"曝光度"为50%，然后对小浆果反复进行涂抹。

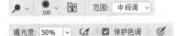

3.2.19 加深工具

加深工具的快捷键是O，通过降低图像的曝光度，使涂抹过的区域颜色变深，主要用来修复曝光过度的图像、加深图像局部颜色及为图像制作晕影等。

a 为加深工具的图标。

b 为画笔属性。

c 为范围。

d 为曝光度。 加深的强度和流量类似。

e 为保护色调。

01 打开"练习\3-2 必须掌握的常用工具\16-加深练习"素材，要求加深素材图像的四周，制作一个晕影效果，用来突出图像的中间部分。

02 选择【加深工具】，设置"范围"为高光，画笔"形状"为柔角，"大小"为1500像素，"硬度"为50%，"曝光度"为50%，对图像左边及下方进行反复涂抹。

03 调整"范围"为阴影，反复涂抹图像右边及上方。

3.2.20　钢笔工具

钢笔工具组包括钢笔工具、自由钢笔工具、添加锚点工具、删除锚点工具和转换点工具。因为自由钢笔工具和钢笔工具的功能基本一致，且添加描点工具、删除描点工具与钢笔工具属性栏中的自动添加和删除属性功能一样，所以此处只讲解钢笔工具。

选择钢笔工具后，在图像的适当位置单击，会得到一个锚点（小方块），然后在图像其他位置单击又会得到另一个锚点，两个锚点形成的线条被称为路径。如果添加锚点后拖动该锚点，会得到曲线，并且在该锚点上会出现呈 180 度的两条直线，这两条直线称为方向线。

a 为钢笔工具的图标。

b 为形状 / 路径 / 像素。

形状： 用来创建填充图形，并可对图形进行填充和描边。

路径： 用来创建路径。

像素： 用来填充像素（不可用）。

c 为建立。用来处理路径与选区、蒙版和形状间的转换。

d 为绘制模式 / 对齐方式 / 排列顺序。

e 为橡皮带 / 自动添加 / 删除。

橡皮带能直观看清路径的走向，利于准确把握钢笔的走向。

勾选"自动添加 / 删除"复选框后，如果将钢笔工具移动到锚点上，那么钢笔工具会自动转换为删除锚点工具；如果将钢笔工具移动到锚点之间路径上，那么钢笔工具会自动转换为添加锚点工具。

01 打开"练习 \3-2 必须掌握的常用工具 \17- 钢笔工具"素材，要求用【钢笔工具】勾勒出图中苹果的轮廓路径。

02 选择【钢笔工具】，然后在苹果轮廓的任一地方单击鼠标，添加起始锚点。

03

3.2.21

04

我那样想要的爱情
好像就在我附近
但我能做的 只是看著你而不说一句
在这陌生的都市
我画著爱而活著
希望能遇到你与那葡萄的香气
每天相同的时间
你都会在我身边
傻瓜一样 只有我不知道
目送掠过的你
有点迟 但现在
我认出了你
死也不想放开
只是我们不能在一起
对不起 留下你
我要离开了

3.2.22

05

06

提示

按住Shift键并单击各条路径,可以同时选择多个路径。

按住Alt键和鼠标左键并拖动路径到合适的位置后,松开鼠标和Alt键,即可复制该路径。

单击鼠标选中的路径,然后拖动可以移动被选中的路径。

按Delete键可以删除所选路径。

a　为路径选择工具的图标。

b 为选择。用来设置作用对象是现用图层,还是所有图层。

c为填充/描边。用来修改填充颜色、描边颜色、描边粗细及描边类型。

d 为固定宽高。表明路径的高度和宽度,在文本框中输入数值后,会更改路径的宽高尺寸。

e 为对齐边缘。如果在图像窗口中开启了网格,勾选该复选框,绘制路径时会自动对齐网格。

f 为约束路径拖动。勾选该复选框,操作只会针对选择的路径进行更改,其他路径不受任何影响。

3.2.23　直接选择工具

直接选择工具的快捷键是A,可以用来选择路径、路径段和锚点,还可以添加或删除锚点。

01 有一条闭合的路径,要求将它生硬的各边变圆润。

02 选择【直接选择工具】,在路径右上角的一条边上单击鼠标右键,然后选择【添加锚点】,在右上角的这条边上出现了一个新锚点。

03 按住该锚点并向右下角拖动。

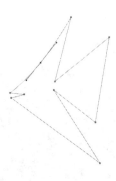

04 用同样的方法修饰其他各边,最后得到效果图。

（矢量）。

路径：新建一个路径（矢量）。属性与钢笔工具基本相似。

像素：画出一个填充前景色的形状（位图）。

c 为填充/描边。

d 为固定宽高。

e 为形状。可以选择软件提供的形状，也可以将自定义形状添加到列表框中。

f 为对齐边缘。

3.2.24 自定形状工具

自定形状工具的快捷键是 U，用来绘制自定形状或路径。

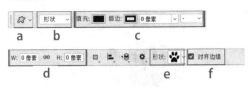

a 为自定形状工具的图标。

b 为形状/路径/像素。

形状：新建一个填充前景色的形状蒙版图层

3.2.25 抓手工具

抓手工具的快捷键是 H，用来移动整个画布。

a 为抓手工具的图标。

b 为滚动所有窗口。如果不勾选此复选框，那么在移动图像时，只会移动当前所选择的窗口内的图像。如果勾选此复选框，那么将移动所有已打开窗口内的图像。

c 为图片的显示方式。

3.3 Photoshop常用菜单命令

▶ 扫码轻松学

3.3.1 编辑菜单——填充

对整个图像文件进行颜色或图案的填充，若图像中存在选区，则只对选区进行填充，快捷键为 Shift+F5。

填充命令窗口主要包括内容、混合模式和不透明度 3 种命令。

填充的内容包括前景色、背景色、颜色（任意一种颜色）、内容识别、图案、白色、黑色和 50% 灰色（中性灰）等。

> **提示**
>
> 内容填充：当需要填充某一选区时，软件会先自动分析选区周围图像的特点，然后将图像的颜色或图案进行智能构图，最后合成与背景相似的图像内容进行融合填充。

例如，下面的这幅素材图，要求去掉矩形选框内的花，执行"内容识别"命令即可。

在菜单栏执行【编辑 > 填充】命令，然后选择"内容"为"内容识别"，单击"确定"按钮。

下面的图像素材，包括背景和机器人两个图层，要求为机器人填充颜色（RGB=92、77、204）。

01 因为只要对机器人进行填充，所以需要调出机器人的选区，然后对该选区进行填充。在图层面板选中机器人图层，然后在菜单栏执行【选择 > 载入选区】命令。

02 执行【编辑 > 填充】命令，"内容"为"颜色"，弹出拾色器（前景色）面板，选好颜色后单击"确定"按钮。

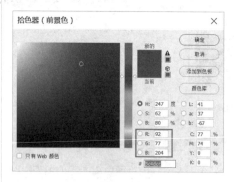

03 按快捷键 Ctrl+D 取消选区。

提示

单击工具箱中的前景色，也会弹出拾色器，确定颜色后按快捷键Alt+Delete，选区内就会被填充上前景色。如果要填充背景色，那么要按快捷键Ctrl+Delete。

小练习

打开"练习 \3-3 Photoshop常用菜单命令 \1- 填充练习"素材，要求对图中的飞机执行"内容识别"填充命令，去掉飞机。

因为是一个图层，所以用【矩形选框工具】框选出飞机区域，添加选区，然后直接进行内容识别，最后取消选区即可。

3.3.2　编辑菜单——描边

描边是指在图层或选区边缘加上边框，具体包括选区描边、路径描边和图层样式描边。

1. 选区描边

01 创建一个选区。

02 执行【编辑 > 描边】命令，设置描边"宽度"为 5 像素，"颜色"为红色，"位置"为居外，单击"确定"按钮完成描边。

2.路径描边

选择【钢笔工具】或【矩形工具】创建路径后，选择【画笔工具】，在路径面板单击"描边路径"按钮即可。

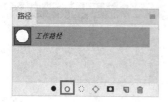

01 创建一个多边形路径。将前景色设置为蓝色，然后选择【画笔工具】，设置"形状"为枫叶，"大小"为 25 像素，"不透明度"为 100%，"模式"为正常。

02 在路径面板中单击"描边路径"按钮完成描边。

3.图层样式描边

当需要给某个图层添加描边样式时，可执行【图层 > 图层样式 > 描边】命令。

下面的图像素材，包括背景和文字两个图层，要求对文字图层添加 2 像素的黑色描边效果。

01 选定文字图层后执行【图层 > 图层样式 > 描边】命令，设置描边"大小"为 2 像素，"位置"为外部，"颜色"为黑色。

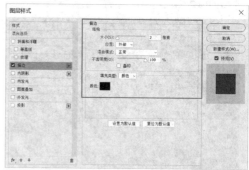

02 单击"确定"按钮，文字图层已经被描边。

03 调整文字图层的"填充"为0%，一个镂空字体就设计出来了。

3.3.3 编辑菜单——自由变换

自由变换命令可以自由对图像进行放大、缩小、旋转、透视、斜切、扭曲和变形等操作，快捷键为Ctrl+T。

> **提示**
>
> 在自由变换中Shift键和Alt键起着很大的辅助作用，Shift键控制着方向、角度和等比例放大、缩小，Alt键控制着中心点。在自由变换的基础上，单击鼠标左键将调出自由变换的二级菜单，在二级菜单中可以进一步进行专项操作。

按住 Alt 键，可围绕中心点同时缩放四边。

按住 Shift 键，可进行等比缩放。

按住快捷键 Shift+Alt，可以以中心点为基准等比例缩放。

将鼠标光标放在任何一个控制点外，当光标变为弯曲的双箭头时，拖动即可围绕中心点转动图像。改变中心点的位置将改变旋转中心，并且旋转中心可以在调整框外，如果按住 Shift 键操作，那么每次旋转角度为 15 度。

3.3.4 编辑菜单——操控变形

通过网格和图钉对图像整体或局部进行变形调整。执行【编辑 > 操控变形】命令后，在图像上会出现网格，然后使用"图钉"固定特定的位置，拖动需要变形部位的图钉后按 Enter 键，即可对图像完成操控变形。

提示

按住Alt键，然后将鼠标指针移动到图钉上，当指针变为剪刀形状时，单击可将图钉删除。

01 打开"练习 \3-3 Photoshop常用菜单命令 \2-操控变形练习1"素材，包括背景和人像两个图层，要求对人像进行操控变形。

02 执行【编辑 > 操控变形】命令，得到带有网格的图像。

03 在人像腿和腰部的位置，单击添加图钉用以固定。

04 给人物腋窝的地方添加一个图钉，然后向左下方拖动该图钉。

05 按 Enter 键，得到操控变形后的图像。

06 执行【滤镜 > 液化】命令，对人物身体出现不自然变形的地方进行细微的调整。

07 对人像进一步做一些细致修饰。

小练习

根据上述方法，打开"练习 \3-3 Photoshop常用菜单命令 \2- 操控变形练习 2"素材进行练习。

3.3.5 编辑菜单——定义画笔预设

当用户需要经常绘制某一幅图像或使用某一幅现有图像时，可以定义其成画笔预设，下次需要使用时，直接从笔刷中选择即可。

> **提示**
>
> 定义画笔预设时，会去掉原有的颜色，并将图案变为黑白色。若不想失去图案的颜色，则可以定义图案。

01 按快捷键 Ctrl+O，打开"练习 \3-3 Photoshop常用菜单命令 \3- 自定义画笔预设"素材，将图中的这片三叶草转为永久可使用的素材。

02 选择【快速选择工具】，选出三叶草的选区。

03 执行【图层 > 新建 > 通过拷贝的图层】命令（快捷键为 Ctrl+J）复制一层隐藏了背景的图层。

04 执行【选择＞载入选区】命令，载入三叶草的选区。

05 执行【选择＞载入选区编辑＞定义画笔预设】命令，在弹出的窗口中输入名称，单击"确定"按钮，画笔就定义好了。

06 在背景图层上，添加不同颜色的三叶草画笔作为点缀。选择【画笔工具】，选择"三叶草"画笔，调整画笔大小及颜色，在背景图层上不断单击即可给背景添加三叶草素材。

3.3.6 图像菜单——直方图

　　直方图的横轴代表的是图像中的亮度，由左向右，从全黑（暗部）逐渐过渡到全白（亮部），纵轴（峰值）代表图像中处于这个亮度范围的像素密集程度。直方图是对图像亮度的一种分析方式，通过观察直方图，可以对一幅图像的明暗程度有一个准确的了解。

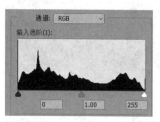

　　在色阶、曲线、Camera Raw 滤镜中都可以看到直方图，色阶的快捷键是 Ctrl+L，曲线的快捷键是 Ctrl+M，滤镜的快捷键是 Shift+Ctrl+A。

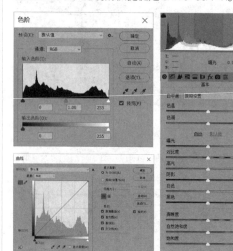

1. 曝光正常

除非是特殊构图需要，一般情况下，一幅正常的图像，它的直方图表现为山峰状，中间高两端低，并且占满整个横轴，这说明这幅图像中有阴影，但不多，有高光，同样也很少，主要像素集中在中间调。

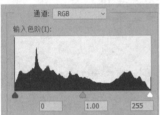

2. 欠曝

当直方图整体偏向左侧时，说明这幅图像的像素集中在暗部，表明图像整体色调偏暗，也可以理解为图像欠曝。

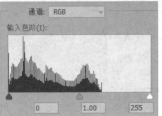

3. 过曝

当直方图整体偏向右侧时，说明这幅图像的像素集中在亮部，表明图像整体色调偏亮，也可以理解为图像过曝。

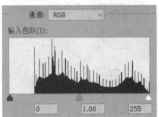

4. 低对比度

当直方图整体偏向中间，而横轴左右两侧处于空白时，说明这幅图像的高光和阴影部分都没有像素，图像像素都集中在中间调，也就是说图像的对比度非常小，表现在图像里就是图像发灰。

5. 高对比度

当直方图整体趋于扁平，说明这幅图像高光、阴影、中间调都有很足的像素分布，也就是说图像对比度过大，表现在图像里就是颜色反差过大。

6. 特殊构图的直方图

有些图像构图本来就比较特殊，因而它的直方图不能按一般调整直方图的方式来调节。例如，夜景图片的直方图暗部区域的波峰居多，在雪景图片的直方图亮部区域的波峰居多。

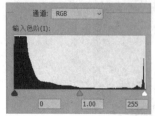

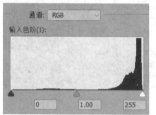

你问我答

Q 是不是直方图中波峰居中且比较均匀的图像才是曝光合适的图片？仅凭直方图就能够判断一幅图像的好坏吗？

A 判断一幅图像的曝光是否准确，关键还是看它是否准确地表现出了拍摄者的意图。

Q 根据以下直方图，指出它们所对应的图像。

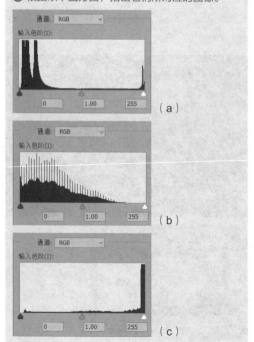

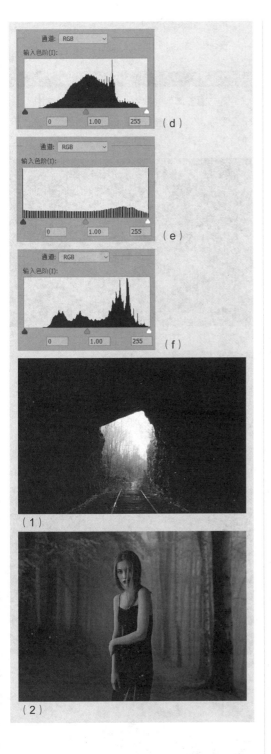

（d）

（e）

（f）

（1）

（2）

（3）

（4）

（5）

（6）

Ⓐ a-1, b-2, c-3, d-4, e-5, f-6。

3.3.7　图像菜单——色阶

色阶的快捷键是 Ctrl+L，表示图像亮度强弱的指数标准，是一个色彩调整工具。色阶的实质是指亮度，与颜色无关，表明了一幅图像的明暗关系。

单击图层面板最下面快捷按钮"创建新的填充或调整图层"图标，再单击【色阶】菜单可以快速新建一个色阶调整图层。

按快捷键 Ctrl+L 或添加色阶调整图层都可以完成对图像亮度的调整，这两种打开方式稍有不同，第一种是在图像上直接调整，第二种是新建了一个图层来专门存放调整结果，而且可以随时修改调整结果。

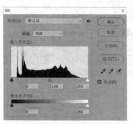 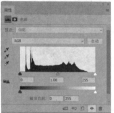

色阶图下面的 3 个滑块分别是黑色的暗部滑块、灰色的中间调滑块和白色的高光滑块。

暗部滑块代表暗部，就是纯黑，也可以说是黑场；中间调滑块代表中间调在黑场和白场之间的分布比例，将灰色的中间调滑块向左边的暗部滑块拖动，图像将变亮，因为调整之后中间调偏向亮部区域；高光滑块代表高光，就是纯白，也可以说是白

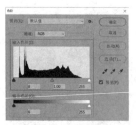

场。另外需要注意，中间调的灰色滑块位置不能超过黑白两个滑块之间的范围。

> **提示**
>
> 调整色阶的技巧是什么？除非是特殊构图需要，一般将暗部黑色滑块往右移动到直方图黑色开始的地方，将亮部白色滑块往左移动到直方图黑色开始的地方，再酌情拖动中间调的灰色滑块即可，这样调整的本质是把空白的数据去掉，让直方图变宽。

将色阶知识运用到图像案例中，观察以下 4 类图像一般存在的亮度问题。

1. 欠曝

直方图整体偏向左侧，说明这幅图像的像素集中在暗部，做出调整时，应该将输入色阶的高光滑块向左边滑动，增加它的亮部信息。

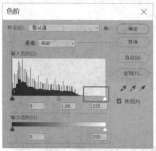

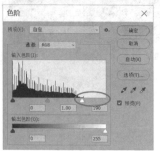

2.过曝

直方图整体偏向右侧，说明这幅图像的像素集中在亮部，在做调整时，应该将输入色阶的暗部滑块向右边滑动，加深它的暗部信息。

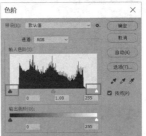

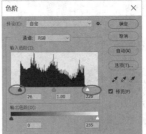

3.低对比度

直方图整体偏向中间，横轴左右两侧处于空白，说明这幅图像的高光和阴影部分都没有像素，在做出调整时，应该将输入色阶的高光和暗部滑块都向灰色中间调滑块滑动，提高它的对比度。

4.高对比度

直方图整体趋于扁平，说明这幅图像高光、阴影、中间调都有很足的像素分布，在做调整时，应该将"曲线"调整成反"S"形，来降低它的对比度，这个在下一节会重点讲解。

你问我答

Ⓠ 下面这幅图整个画面既没有最黑的点，也没有最白的点，因此图像灰得厉害，给人一种"发闷"的感觉，利用所学知识，该如何调整色阶使图像恢复正常色彩？

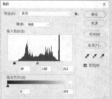

Ⓠ 利用色阶将下面几幅偏色的图像调成正常的色彩图。

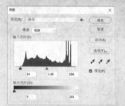

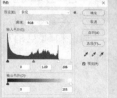

3.3.8　图像菜单——曲线

曲线的快捷键是 Ctrl+M，表示图像亮度强弱的指数标准，是一个色彩调整工具。

在调整曲线时，可以直接调整，也可以用图层调整。第一种是在图像上直接调整，第二种是新建了一个图层来专门存放调整结果，方便随时修改调整结果。

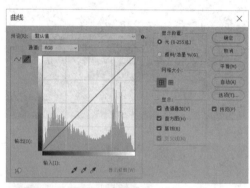

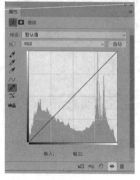

在未调整的情况下,图像的"曲线"是一条对角线,也就是横轴和纵轴的亮度值相等。当使用曲线时,在呈45度的对角线上单击,就会产生一个锚点(控制点),然后按住锚点往上或往下拖动可以调节图像亮度。

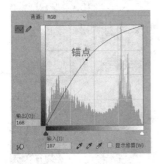

当拖动一个锚点的时候,旁边的点也会随之变化,与原来的曲线相比,离锚点越近的点亮度变化越大,离锚点越远的点亮度变化越小。

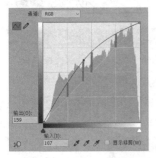

通过在曲线上添加锚点,可以把曲线调整成各种各样的形态,从而得到想要的色彩亮度效果。

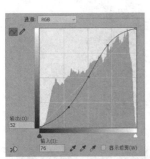

以下面这幅图作为范例,针对 RGB 复合通道,了解几种经典曲线的使用方法。

1. 提亮曲线

在曲线上单击添加一个锚点,如果向上拖动锚点到一定的位置,那么图像整体变亮,向上弯曲的这条曲线称为"提亮曲线"。

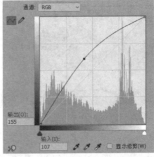

2.压暗曲线

在曲线上单击添加一个锚点，如果向下拖动锚点到一定的位置，那么图像整体变暗，向下弯曲的这条曲线称为"压暗曲线"。

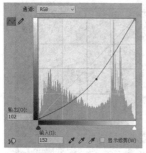

3.提高对比度（"S"形曲线）

在曲线中间添加一个锚点，在曲线上半部分亮部区域添加一个锚点，然后将这个锚点向上拖动到一定的位置，图像的亮部变得更亮。相同的道理，在曲线的下半部分暗部区域添加一个锚点，将这个锚点向下拖动到一定的位置，图像的暗部将变得更暗。整体来看图像的反差变大，色彩更强烈，这条呈"S"形的曲线称为"高对比度曲线"。

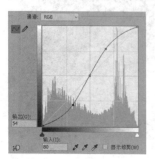

4.降低对比度（反"S"形曲线）

这条呈反"S"形的曲线称为"低对比度曲线"，整体使图像的反差变小，对于色彩对比非常强烈的图像，可以有效地降低高光和暗部色彩，减小图像的反差。

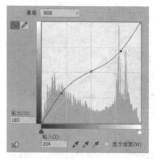

5. 负片曲线（黑白颠倒曲线）

将黑场锚点向上拖动到左上角位置，将白场锚点向下拖动到右下角位置，得到的图像就是负片效果，这条曲线称为"负片曲线"。

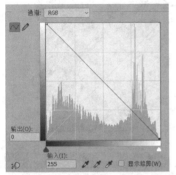

6. 胶片曲线

将黑场锚点向上拖动一定的距离，曲线其他各处保持不变，调整后的图像对比度更低，饱和度更高，画面更加干净，有日系胶卷图像的效果。

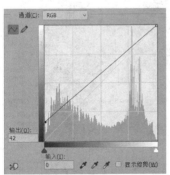

7. 牛奶曲线

在曲线的中间和亮部添加几个锚点，固定曲线的中间调和高光部分不变，然后在曲线的暗部区域添加一个锚点，将这个锚点向上拖动到一定的位置，图像的暗部变亮。调整后的图像高光和中间调都没有任何改变，而暗部被提亮，这说明曲线命令不仅可以对图像进行整体调整，还可以进行局部调整，通常称为"牛奶曲线"。

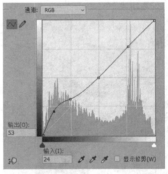

8. 红色通道

在红色通道中，向上调整曲线，图像的色彩偏红，向下调整曲线，图像的色彩偏青（红色的互补色）。

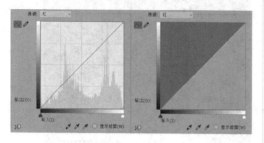

向上和向下调整红色通道，当然也可以对红色通道进行"S"形曲线和反"S"形曲线调整。

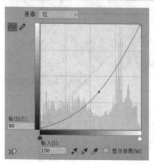

9. 绿色通道

在绿色通道中，向上调整曲线，图像的色彩偏绿，向下调整曲线，图像的色彩偏品红色（绿色的互补色）。

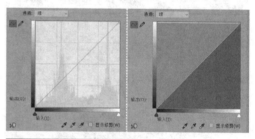

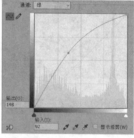

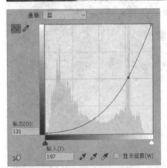

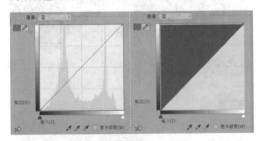

10. 蓝色通道

　　蓝色通道中，向上调整曲线，图像的色彩偏蓝，向下调整曲线，图像的色彩偏黄（蓝色的互补色）。

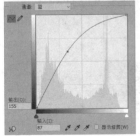

11. 反冲曲线

　　组合使用 RGB 通道，也可以调整色彩。反冲曲线是对 R 通道、G 通道、B 通道各自进行不同程度的 S 曲线，加深 3 个通道的对比度，呈现一种非主流风格的图像。

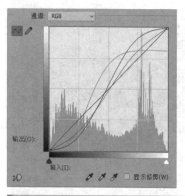

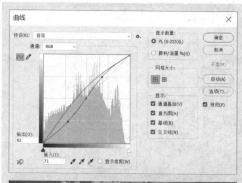

3.3.9　图像菜单——阈值

　　阈值指将灰度或彩色图像转换为高对比度的黑白图像，在菜单栏中执行【图像 > 调整 > 阈值】命令打开调整。

小练习

打开"练习 \3-3 Photoshop常用菜单命令 \4- 曲线调色"素材，要求通过增加对比度，让图像呈现偏蓝的色调，该如何操作？

提示

默认状态下的阈值色阶为128，支持指定某个色阶作为阈值。例如，上图指定144为阈值，所有比144色阶亮的像素都转化为白色，所有比144色阶暗的像素都转化为黑色。

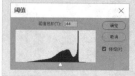

阈值是一个"临界点",即过了这个临界点是一种情况(如黑色),没有超过这个临界点是另外一种情况(如白色),因而图像上只有黑、白两种情况出现。

3.3.10　图层菜单——智能对象

智能对象是指包含栅格或矢量图像数据的图层。图层缩览图右下角有一个智能对象的标志。智能对象将保留图像的所有原始数据,因此对智能对象的操作是非破坏性的。

在图层面板中,选定图层,然后在图层缩览图后的空白处单击鼠标右键,在弹出的菜单中选择"转化成智能对象"即可将图层转化为智能对象。当图片放大到超过原始图片大小时,智能对象会显得模糊,而矢量图无论怎样放大都不会模糊。

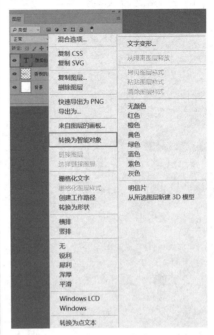

将文字图层转化为智能对象有什么好处?

在没有栅格化文字图层的情况下,这些文字可以非常方便地缩放、旋转和扭曲,但是同样地,有的形变是需要栅格化之后才能操作的,并且这无疑对图片是有损的。将文字图层转化为智能对象之后,就可以实施无损的形变了。

另外,在 Photoshop 中,很多滤镜都不能预览,只能设置一次使用一次,而无法预览就不知道效果,这就造成了大量重复的试操作,而智能对象可以将大部分滤镜转化为智能滤镜,智能滤镜可以无限次编辑滤镜效果,大大节省修图时间。

3.3.11　图层菜单——栅格化

栅格化就是将非像素的东西变成像素,将矢量图转化为位图。矢量图栅格化后,可以添加各种图层效果,但也失去了矢量的属性,如文字图层将不能再改变文字的内容、字体和字号等属性,也就是说栅格化不可逆。

在图层面板中,选中矢量图层,然后在图层缩览图后的空白处单击鼠标右键,在弹出的菜单里选择"栅格化文字"即可。

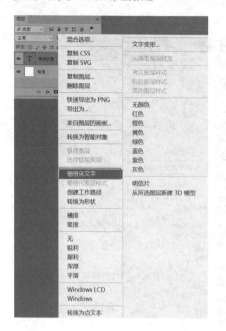

为什么要栅格化?

因为文字图层、形状图层、矢量蒙版及填充图层,不能在它们的图层上使用图层样式、绘画工具、渐变工具和滤镜,而当我们需要使用这些工具及滤镜时,就需要将矢量图层栅格化为普通位图图层,栅格化以后就可以运用滤镜及工具制作出更加丰富的效果。

列举以下两个文字图层说明栅格化的意思,最初这两个图层一模一样,然后对下面一个图层执行栅格化命令。

虽然看起来这两个图层还是没有区别,但上面一个是文本图层(矢量图),可以对文字内容、字体和字号等属性进行修改,但是不能对它进行渐变或滤镜等操作。下面一个是普通图层(位图),可以对文字进行变形、绘图、渐变和添加滤镜等操作,但是不能对它的文字内容、字体和字号等属性进行修改。

3.3.12 选择菜单——色彩范围

色彩范围指将一定色彩范围内的颜色指定为选择区域。

如果要给这幅人像的面部皮肤做一个选区，那么该如何操作？

执行【选择＞色彩范围】命令，在"选择"菜单下选择"肤色"，通过调整"颜色容差"值使人物面部变为白色（白色是生成选区的部分），然后单击"确定"按钮即可。

"选择范围"是预览对图像中的颜色进行取样而得到的选区。默认情况下，白色区域是选定的像素，黑色区域是未选定的像素，而灰色区域则是部分选定的像素。

> **提示**
>
> 勾选"检测人脸"复选框，可以更准确地对肤色进行选择。

"图像"是预览整个图像。

设置较低的"颜色容差"值可以限制色彩范围，设置较高的"颜色容差"值可以增大色彩范围。

> **提示**
>
> 按Ctrl键可以在"选择范围"和"图像"之间自由切换。

将吸管形状的鼠标指针放在图像或预览区域上单击后，可对要包含的颜色进行取样。3 个吸管分别是吸管工具、加色吸管工具和减色吸管工具。如果要增加颜色，就选择加色吸管工具，在预览区域或图像中单击相应区域即可；如果要移去颜色，就选择减色吸管工具，在预览区域或图像中单击相应区域即可。

快速蒙版是将未选定的区域显示为宝石红颜色叠加，或在"快速蒙版选项"对话框中自己指定颜色。

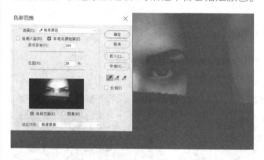

"选区预览"区域或图像的显示方式，一般默认为黑色杂边，无表示显示原始图像。

黑色杂边指对选定的像素显示原始图像，对未选定的像素显示黑色。此选项适用于亮度高的图像。

还是上面这幅图，因为人像面部比较暗，如果想要加亮人物面部，该如何操作？给人像的面部皮肤做一个选区，利用曲线直接提亮即可。

执行【选择 > 色彩范围】命令，再选择"肤色"命令，通过调整"颜色容差"值使人物面部变为白色（白色是生成选区的部分）。利用"取样颜色"命令再对人物面部做进一步的修饰，单击"确定"按钮得到面部的选区，接着新建一个曲线调整图层，提亮面部即可。

白色杂边指对选定的像素显示原始图像，对未选定的像素显示白色。此选项适用于较暗的图像。

3.3.13 选择菜单——选择并遮住

Photoshop CC 2015 有一个很强大的功能"选择并遮住"命令，替代了原来的"调整边缘"命令。以前调整边缘功能需要提前做好选区再调整，"选择并遮住"命令不用提前做好选区，直接修改即可。

在菜单栏执行【选择 > 选择并遮住】命令，快捷键为 Ctrl+Alt+R。启用"快速选择""魔棒"或"套索"等选区工具，然后单击属性栏中的"选择并遮住"。

"选择并遮住"工作区包含 3 个部分，位于左边的第一部分是各种工具，位于最上方的第二部分是对应第一部分工具的属性栏，位于最右边的第三部分是一些可调整的属性。

快速选择工具：当单击或拖动要选择的区域时，软件会根据颜色和纹理的相似性进行快速选择。

调整边缘画笔工具：可以精确调整选区边缘区域。

画笔工具：使用画笔工具用来微调选区。在添加模式下，绘制想要选择的区域；在减去模式下，绘制不想选择的区域。

> **提示**
>
> 使用"选择并遮住"命令时，一般先用【选择工具】进行粗略选择，然后使用【画笔工具】或【调整边缘画笔工具】对选区进行调整。

套索工具：用鼠标绘制选区边框。

抓手工具：用来浏览图像文件，在具体使用时，选择抓手工具并拖动图像画布即可。

缩放工具：用来缩放图像并浏览图像各个区域。

1. 视图模式

视图模式为选区创建的视图模式。

按 F 键循环切换视图。
按 X 键暂时停用所有视图。

洋葱皮：将选区显示为动画样式的洋葱皮结构。

闪烁虚线：将选区边框显示为闪烁虚线。

叠加：将选区显示为透明颜色叠加。

黑底：将选区置于黑色背景上。

白底：将选区置于白色背景上。

黑白：将选区显示为黑白蒙版。

图层：将选区周围变成透明区域。

显示边缘：显示调整区域。

显示原始选区：显示视图的原始选区（如果有选区的话）。

高品质预览：选择此选项后，在处理图像时，按住鼠标左键（向下滑动）可以预览更高分辨率的图像效果。

2. 边缘检测设置

半径：确定发生边缘调整的选区边框的大小。

智能半径：允许选区边缘出现宽度可变的调整区域。

3. 全局调整设置

平滑：减少选区边框中不规则区域，创建较平滑的轮廓。

羽化： 令选区内外衔接的部分虚化，起到渐变过渡或平滑边缘的作用。

对比度： 决定选区边缘过渡。

移动边缘： 使用负值向内移动柔化边缘的边框，使用正值向外移动这些边框。

> **提示**
>
> 向内移动这些边框有助于从选区边缘移去不想要的背景颜色。

4. 输出设置

净化颜色： 将彩色边替换为附近完全选中的像素的颜色。

输出到： 决定调整后的选区是变为当前图层上的选区或蒙版，还是生成一个新图层或文档。

以下面这幅图为例，了解"选择并遮住"命令，要求细致地抠出毛发。

01 打开"练习\3-3 Photoshop常用菜单命令\5-选择并遮住练习1"素材，执行【选择 > 选择并遮住】命令。

02 选择【快速选择工具】，调整好工具的大小，然后涂抹人物部分，不需要的部分可以用属性栏中的"从选区减去"笔头涂掉，大概涂出来即可。

03 选择【调整边缘画笔工具】，设置好适当的大小和硬度，然后沿头发边缘轻轻涂抹。

04 在输出设置中选择"新建带有图层蒙版的图层"，便于后期修改，然后单击"确定"按钮，即可得到抠出的人像，当然此时人物的边缘带有一定的背景色，后期再进一步处理。

05 添加一个背景色，更容易看清抠出图像的细节。

06 继续修饰人像，掩盖掉头发边缘的杂色，得到最满意的效果。这一步会在6.5.4节的抠图内容中详细讲解操作方法。

因此，"选择并遮住"在抠取人像或动物的毛发时，可以非常精细地保留细节、质感。

使用上述方法，打开"练习\3-3 Photoshop常用菜单命令\5-选择并遮住练习2"素材，抠出图像中的人像。

3.3.14 选择菜单——羽化

羽化是令选区内外衔接的部分虚化，起到渐变过渡或平滑边缘的作用。羽化可使选区边缘的像素变得模糊，有助于所选区域像素与周围像素的混合。注意羽化针对的是选区，只有先建立了选区，才能对其应用羽化。

执行【选择 > 修改 > 羽化】命令打开，快捷键为 Shift+F6。

选择任一套索或选框工具，在相应的属性栏中输入"羽化"数值，此值定义羽化边缘的宽度，范围是 0~250 像素。

羽化半径值越大，选区周围虚化的范围越宽，羽化半径值越小，选区周围虚化的范围越窄。

01 打开"练习\3-3 Photoshop常用菜单命令\6-羽化练习1"素材，要求将灯笼椒图层羽化50像素，并对比前后效果。

02 执行【选择 > 载入选区】命令，或者按住 Ctrl 键并单击图层缩览图，载入灯笼椒的选区。

03 执行【选择 > 修改 > 羽化】命令（快捷键为 Shift+F6），输入"羽化半径"为 50 像素，然后单击"确定"按钮。

04 执行【选择 > 反选】命令（快捷键为 Ctrl+Shift +I），然后按 Delete 键完成羽化。

05 可以多次按 Delete 键，按一次就重复一次刚才的羽化效果，最后按快捷键 Ctrl+D 取消选区即可。

小练习

用上述方法，将"练习 \3-3 Photoshop 常用菜单命令 \6- 羽化练习 2"的灯笼椒羽化 50 像素。

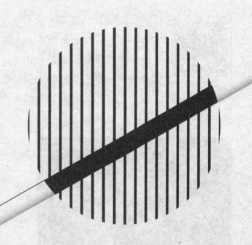

第 4 章

图层的学问

4.1　图层简介

扫码轻松学

图层是含有文字或图形等元素的胶片。下面的这幅图，包含了背景、人物、风景和飞鸟等元素，在后期处理这幅图时，每个元素都可以是一个单独的图层，这样更便于反复修改。

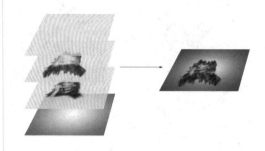

图层有什么好处？

大部分要处理的图像，并不是一次就可以达到预期效果的，它需要根据创作的方向或客户的要求反复修改。如果图片是在一个图层里完成的，那么修改的话就得从头做起；如果图片是分成若干图层的，就可以只修改某个图层，其他的图层完全不受影响。

4.2　图层面板

扫码轻松学

图层在 Photoshop 中是一个非常重要的板块，它的很多命令都是在图层面板中完成的。一般情况下，图层面板会在软件界面的右下角显示，如果没有显示或使用过程中不小心关闭了，只需在菜单栏中执行【窗口】命令，然后在弹出的下拉菜单中选择"图层"即可。

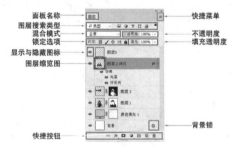

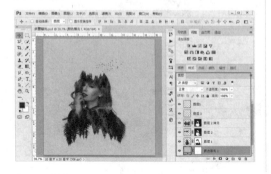

单击快捷菜单图标，弹出下拉菜单命令，在其中可以快速执行新建图层、删除图层、新建组、锁定图层和合并可见图层等命令。

图层搜索类型：主要针对有很多图层的图像文件，在需要找其中的一类或一个图层时，会经常使用搜索功能。搜索方式有类型、名称、效果、模式、属性、颜色和智能对象等。

混合模式：混合模式主要针对两个图层，以不同的方式将它们混合，然后配以不透明度和填充不透明度，可以创造出无数种效果。

显示与隐藏图标：每个图层前面都有一个小眼睛，它控制着图层的显示与隐藏，默认状态下小眼睛是可见的，它表明图层显示，单击一次小眼睛，它将消失，而对应的图层也将被隐藏。

图层缩览图：就是把该图层缩小显示。当需要载入图层选区时，按 Ctrl 键，单击图层缩览图，就可以载入该图层的选区。

快捷按钮：图层面板最下面的 7 个快捷按钮非常方便，依次是链接图层、添加图层样式、添加图层蒙版、添加新的填充或调整图层、创建新组、创建新图层和删除图层。

4.3　图层的种类

扫码轻松学

图层按作用分为背景图层和普通图层，按类型分为像素图层、文本图层、形状图层、调整图层、填充图层和智能对象图层。

4.3.1　背景图层和普通图层

一般不会修改背景图层，因而 Photoshop 默认背景图层是被锁定的。在图层面板中，可以看到最下面的背景图层缩览图后有一个小锁。单击背景图层后面的小锁图标即可将背景图层变为普通图层。

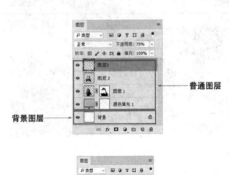

4.3.2 像素图层

像素图层指由像素组成的图层，如 JPEG 格式的风景照、人物肖像和动物特写等。

4.3.3 文本图层

文本图层缩览图中间有一个代表文字的大写字母 T。

如何将文本图层转化为像素图层? 在图层缩览图后空白处单击鼠标右键，然后选择"栅格化文字"，可以将文本图层转化为像素图层。转化后的图层将获得像素图层的属性，同时失去文本图层的属性。文本图层可以转化为像素图层，但像素图层不能转化为文本图层。

4.3.4 形状图层

在工具栏选择【形状工具】或【钢笔工具】后，创建的具有矢量性质的图像图层被称为形状图层。

图层缩览图右下角有一个代表路径形状的正方形是形状图层的标志。

如何将形状图层转化为像素图层?

在图层缩览图后空白处单击鼠标右键，选择"栅格化图层"，可以将形状图层转化为像素图层。转化后的图层将获得像素图层的属性，同时失去形状图层的属性。同样，形状图层可以转化为像素图层，像素图层不能转化为形状图层。

4.3.5 调整图层

调整图层是一个单独调整图像色阶、曲线、亮度 / 对比度和色相 / 饱和度等的图层。如果没有设置"只针对下一图层"，那么调整图层的调整效果会影响到它下面所有的图层。调整图层是一个单独的图层，所有的调整都在调整图层进行，对原图没有任何损坏，能做到无损调整。

下面一幅图像缺乏对比度，在图层面板添加一个"色阶"调整图层，然后在调整图层进行操作，即可恢复图像的准确亮度。

4.3.6　填充图层

填充图层是指用纯色、渐变或图案填充后形成的图层。下图是在一个像素图层上新建了一个渐变填充图层后得到的效果。

4.3.7　智能对象图层

位图和矢量图之间的区别是，位图缩放会失真，而矢量图缩放不会失真。Photoshop 软件大部分时候处理的是位图，而对位图缩放就会失真，因而就出现了智能对象图层。

智能对象图层是包含矢量图像数据的图层。

普通图层如何转化为智能对象图层？ 在图层缩览图后空白处单击鼠标右键，选择"转换为智能对象"，即可将位图（像素图层）转化为矢量图层，转化后的图层再进行缩放就不会失真了。

4.4　图层的主要操作

扫码轻松学

4.4.1　图层的新建

执行【图层 > 新建 > 图层】命令，快捷键为 Shift+Ctrl+N，即可新建一个空白图层。在图层面板最下边单击快捷按钮"创建新图层"，也可以快速新建一个空白图层。

新建文字图层：选择【文字工具】，然后在图像窗口单击，就会自动添加一个文字图层。

新建形状图层：使用【选择工具】或【钢笔工具】，并在属性栏中选择"形状"，然后在图像窗口绘制，即可创建一个具有矢量性质的形状图层。

新建填充图层：执行【图层 > 新建填充图层 > 纯色 / 渐变 / 图案】命令，即可新建一个填充图层。在图层面板最下边单击快捷按钮"添加新的填充或调整图层"，也可以快速新建一个填充图层。

新建调整图层：执行【图层 > 新建调整图层 > 色阶 / 曲线 / 亮度 / 可选颜色】命令，即可新建一

个调整图层，也可以单击快捷按钮。

新建智能对象图层：不能直接新建智能对象图层，只能将已有的图层转换为智能对象图层。

4.4.2　图层的复制

复制图层有多种方法。

第 1 种，执行【图层 > 新建 > 通过拷贝的图层】命令。

第 2 种，执行【图层 > 复制图层】命令。

第 3 种，选中要复制的图层，按快捷键 Ctrl+J。

第 4 种，选择【移动工具】，按住 Alt 键，单击并拖动要复制的图层。

第 5 种，在图层面板中将图层拖动到下方的快捷按钮"新建图层"上。

第 6 种，在该图层缩览图后空白处单击鼠标右键，然后在弹出的快捷菜单中选择"复制图层"。

4.4.3　图层的删除

图层删除的方法也有多种。

第 1 种，选中要删除的图层，然后执行【图层 > 删除 > 图层】命令。

第 2 种，选择【移动工具】，然后在图层面板中，将图层拖到快捷按钮"删除图层"上。

第 3 种，选中要删除的图层，按 Delete 键或 Backspace 键。

第 4 种，在该图层缩览图后空白处单击鼠标右键，然后在弹出的快捷菜单中选择"删除图层"。

4.4.4 图层的移动

图层的移动包括几个图层之间相对位置的移动和一个图层在背景图层上相对位置的移动，在选定移动工具后，前者主要用鼠标在图层面板完成，后者直接用鼠标在图像窗口拖动就可以完成。

1. 多个图层之间相对位置的移动

下图由背景、人像和文字 3 个图层组成，现在要求改变文字的相对位置，使它位于人像图层之下。

选择移动工具后，在图层面板中，用鼠标左键按住人像图层向上拖动，将其放在文字图层之上即可。

2. 单个图层在背景图层上相对位置的移动

要求移动文字图层，让它比现在的位置靠下一点。

选择【移动工具】，然后选中文字图层，在图像窗口直接向下拖动。

4.4.5 图层的链接

链接就是将多个图层捆绑在一起，一个图层动，其他所有被链接的图层也动。这样做的好处是，有些不想再改变相对位置的图层，选择链接后就可以相对固定。

方法： 在图层面板先单击第一个需要链接的图层，按住 Ctrl 键后逐个单击需要选择的图层，然后单击图层面板下方的快捷按钮"链接图层"，就实现了对所选图层的相互链接。

下图中的图像，在移动人像图层时，人像图层和风景图层错位，如果将人像图层和风景图层相互链接，之后进行移动，这两个图层将同步移动。

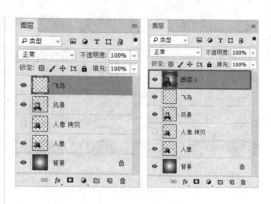

4.4.6 图层的合并

为什么要合并图层？大量的图层占据大量存储空间，合并后储存量会变小。

1. 向下合并

执行【图层>向下合并】命令，快捷键为Ctrl+E，可以向下合并图层。合并后图层的名字和颜色是合并之前其下方图层的名字和颜色。

2. 合并可见图层

执行【图层>合并可见图层】命令，快捷键为Ctrl+Shift+E，可以合并所有没有隐藏的图层。

3. 拼合图像

拼合图像是指当图像制作完成之后，可以把所有的图层（隐藏图层被扔掉）合并成一张完整的图像。执行【图层>拼合图像】命令，可以拼合图层。

4. 盖印一层

快捷键为 Ctrl+Shift+Alt+E。功能和合并所有图层差不多，不过比合并所有图层更好用，这是因为盖印图层是重新生成一个新的图层，这个图层具备前期所有图层的处理效果，而且这个图层不会影响之前处理的各个图层。

> **提示**
>
> 盖印图层的优点是便于后期反复修改，如修完图后，对之前处理的效果不满意，直接删除盖印图层，然后有针对性地对之前相应图层进行修改即可。

4.4.7 图层的锁定

在图层调板上有 5 个锁定按钮，依次为锁定透明度像素、锁定图像像素、锁定位置、防止在画板内外自动嵌套和全部锁定。

锁定透明像素： 锁定图层的透明部分，只针对图层的不透明部分进行编辑。

锁定图像像素： 防止使用绘画工具修改图层的像素。

锁定位置： 防止图层的像素被移动。

防止在画板内外自动嵌套： 阻止在画板内部或外部自动嵌套。

全部锁定： 将图层上述内容全部锁定。

4.4.8 图层的分组

由于有些图像包含了很多个图层，不便于准确寻找每个图层，因此需要对这些图层分组处理。

执行【图层>图层编组】命令，快捷键为Ctrl+G，可以将图层分组。

4.4.9 不透明度和填充不透明度

改变图层的不透明度，将会影响本图层中所有的对象（包括添加的效果）。

改变填充不透明度，只会改变图层填充部分的不透明度，而不影响该图层添加的图层样式效果。下图所示是一个被描边的文字图层，将它的不透明度降低到 20%，可以看到文字本身几乎变透明了，而添加的描边效果没有任何改变。

4.5 图层的样式

▶ 扫码轻松学

利用图层样式功能可以快速生成阴影、浮雕、发光、立体投影，以及各种具有质感和发光效果的特效，是一个制作各种效果的命令。

执行【图层 > 图层样式 > 混合选项】命令可以打开图层样式命令窗口（只针对本图层做修改），用鼠标双击图层缩览图右边空白区域也可以将其打开。

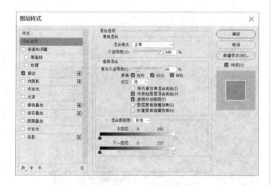

4.5.1 混合选项

1.常规混合

混合模式：针对两个图层，指上一个图层与其下方图层以一定计算方式进行的色彩叠加模式。

不透明度：改变图层的不透明度，将改变图层所有内容和效果的不透明度。

2.高级混合

高级混合：分别有 R、G、B 3 个通道，代表了三原色，去掉其中的一个，图层就偏那种颜色；去掉其中两个，图层就偏剩下一种颜色的互补色；3 个全部去掉，图层就消失不见了。

挖空：用来设置当前层在下面的层上"打孔"并显示下面层内容的方式。

下面这个图层，如果去掉蓝色 B 通道，图像应该偏蓝，如果去掉蓝色 B 通道和绿色 G 通道，那么图像应该是红色的互补色——青色。

3. 混合颜色带

用来混合上、下两个图层的内容，可以隐藏本图层中的像素，也可以使下面图层中的像素穿透上面图层显示出来。

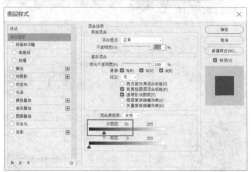

混合颜色带：打开后可以选择三原色通道，默认是"灰色"通道，也就是全部通道。

本图层：指当前被选定的图层，拖动本图层渐变条下的滑块可以隐藏当前图层中的像素。

例如，有一个图像素材，它包含两个图层，选定第一个图层后，打开图层样式，然后在混合颜色带中，将本图层的黑色滑块拖动到 50 处，就可以隐藏当前图层中所有亮度值低于 50 的像素。

下一图层： 指当前被选定图层的下一个图层，拖动下一图层渐变条下的滑块，可以使下一图层中的像素穿透到当前图层而显示出来。

有如下一个图像素材，它包含两个图层，选定第一个图层后，打开图层样式，然后在混合颜色带中将下一个图层的黑色滑块拖动到 94 处，则下面

图层中亮度值低于 94 的像素都会穿透当前图层显示出来。

> **提示**
>
> 按住Alt键，单击滑块，滑块将被拆分成两个三角形，调整分开后的两个滑块，可以创建半透明的过渡区域。

4.5.2 图层样式详解

在图层样式命令窗口左边有 10 种不同的效果，选择某一种效果后，用鼠标双击该效果的名称，命令窗口右边将弹出该效果的详细参数设置。

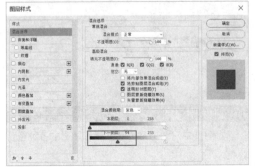

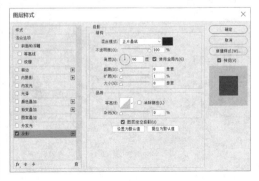

1.投影

给图层上对象、文本或形状下面添加阴影效果。

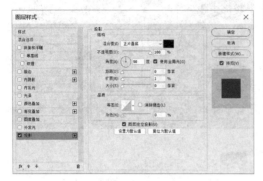

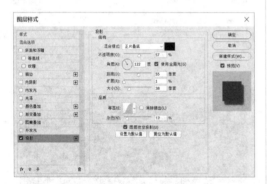

2.内阴影

给图层中对象的内边缘添加阴影，让图层产生一种凹陷外观。

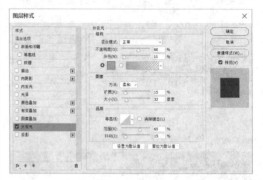

beautiful

3.外发光

可以使图层中对象的外侧边缘产生发光的效果。

beautiful

4.内发光

给图层中对象的边缘向内添加发光效果。

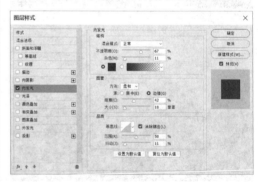

beautiful

5.斜面和浮雕

对图层中对象添加高亮显示和阴影的各种组合效果。

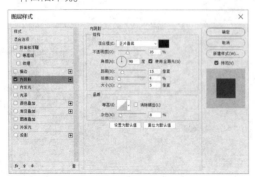

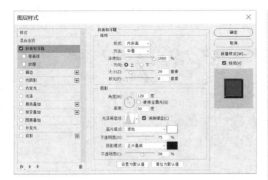

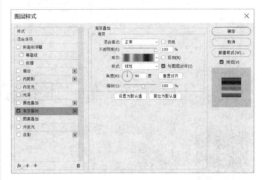

8.渐变叠加

为图层中对象叠加一种渐变颜色。

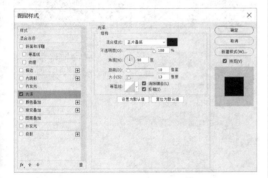

6.光泽

对图层对象创建光滑的磨光及金属效果。

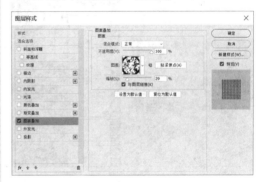

9.图案叠加

为图层中对象叠加一种图案。

7.颜色叠加

为图层中对象叠加一种颜色。

10.描边

对图层中对象使用颜色、渐变颜色或图案描绘当前图层上的对象的轮廓。

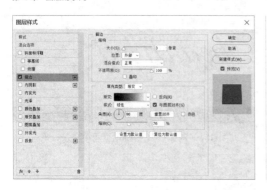

4.6　图层的混合模式

扫码轻松学

混合模式指当前图层与其下方图层的像素，以一定的方式进行叠加混合，创建出各种图层特效的方式。图层的混合模式与图层的不透明度、填充不透明度结合之后，可以创造出多种特效。

混合色（上层）：当前图层的颜色。

基色（下层）：当前图层的下面图层的颜色。

结果色：应用混合模式后显示的颜色。

有含有两个图层的图像素材，人像在上，风景在下，以柔光模式混合，来体会混合模式的效果。

混合前的效果如下图所示。

混合后是效果如下图所示。

在柔光模式下，软件会根据混合色的明暗来决定结果色，如果混合色比基色更亮，那么结果色将更亮；如果混合色比基色更暗，那么结果色将更暗，最后结果色的亮色区域变得更亮，暗色区域变得更暗，图像反差（对比度）增大。

其他混合模式，读者可自行调节并观察效果。

第 5 章

蒙版的学问

5

5.1　图层蒙版

▶ 扫码轻松学

图层蒙版是指将不同灰度数值转换为不同的透明度，并作用到它所在的图层，使图层不同部位的透明度产生相应的变化。通俗地讲，图层蒙版是作用在某一图层上的"特殊玻璃"，这个"特殊玻璃"可以遮盖、透出或半透出下一图层。

有以下一个包含热气球和背景两个图层的图像素材（上层覆盖下层，图像窗口只显示热气球图层的内容），用它来说明图层蒙版。

5.1.1　图层蒙版的添加

执行【图层 > 图层蒙版 > 显示全部 / 隐藏全部】命令，为当前图层添加图层蒙版。【显示全部】添加的是白色蒙版，【隐藏全部】添加的是黑色蒙版。

在图层面板最下端的快捷按钮中，单击第 3 个"添加图层蒙版"按钮，也可以为当前图层添加图层蒙版，默认添加的是白色蒙版，按住 Alt 键，单击该按钮，添加的是黑色蒙版。

添加白色蒙版，图像显示的是当前图层；添加黑色蒙版，图像显示的是下一图层。

白色蒙版

黑色蒙版

利用上面两种方法中的任何一种添加图层蒙版（默认白色，黑色也可以）之后，选择【画笔工具】，然后在工具箱底部单击前景色图标，在拾色器中选择灰色，用灰色画笔在图像窗口绘制，得到一部分灰色的图层蒙版。

一部分灰色蒙版

要给全图加一个同样亮度级别的灰色图层蒙版，选择【矩形选框工具】，在图像窗口框选图像的全部内容，得到选区后给这个选区填充灰色即可。

灰色蒙版

5.1.2　图层蒙版的选择与删除

给图层添加图层蒙版之后，单击图层的缩览图，被选择的将是图层（图层缩览图四周出现 4 个直角），之后所有在图像窗口中的操作都是针对图层本身；单击蒙版的缩览图，被选择的将是图层蒙版（蒙版缩览图四周出现 4 个直角），之后所有在图像窗口中的操作都是针对图层蒙版，图层本身不受任何影响。

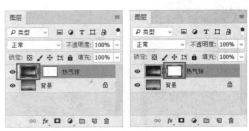

对下一图层来说，上一图层的黑色蒙版表示完全透明，白色蒙版表示完全遮挡，灰色蒙版表示半透明。

黑、白、灰色蒙版

单击鼠标右键，选择"删除图层蒙版"，可以删除当前图层的图层蒙版。如果只是暂时不需要，那么可以选择"停用图层蒙版"。

如果给图层添加了黑色蒙版，然后使用黑色的画笔在图像窗口中涂抹，那么没有任何效果。而使用白色的画笔涂抹，将遮挡下面图层。

> **提示**
>
> 选择图层缩览图时，对图层进行操作；选择图层蒙版缩览图，对蒙版进行操作。
>
> 图层蒙版不具备色彩，只有256个灰阶，针对下一图层，黑色蒙版是完全透明，白色蒙版是完全遮挡，不同的灰度值蒙版是不同程度的透明。
>
> 无论前景色和背景色是什么颜色，添加图层蒙版后，前景色和背景色都会变成黑白两色。
>
> 按住Alt键，在图层面板单击图层蒙版的缩览图，图像窗口将显示完整的蒙版。按住Alt键，再单击一次图层蒙版的缩览图，图像窗口将回到初始状态。

5.1.3　图层蒙版的使用

添加图层蒙版后，借助选框工具、画笔工具和渐变工具等，就可以实现对图层的修改。

以【画笔工具】为例，如果给图层添加了白色蒙版，然后使用白色的画笔在图像窗口中涂抹，那么没有任何效果。而使用黑色的画笔涂抹，将透出下面图层。

> **提示**
>
> 画笔工具要想对图层蒙版起作用，画笔的颜色要与图层蒙版的颜色相反。

以【渐变工具】为例，如果给"心形树"图层添加了白色蒙版，然后使用【渐变工具】，设置"渐变"为黑白径向，进行渐变填充，则两幅图像可以得到一幅非常自然的过渡效果的图像。

下面开始案例练习。

下面有两幅图像，想要保留有气球、天空的图像和有田野、远山的图像的一部分，然后合成一幅衔接自然的图像。

分析： 要将两幅图自然地结合为一张，最主要的是接头部分要自然地过渡，蒙版是最适合的手段，利用一个由黑到白的渐变，即可实现完美过渡。

01 按快捷键 Ctrl+O，打开"练习 \5-1 图层蒙版 \1- 热气球"和"练习 \5-1 图层蒙版 \2- 田野"素材。选择【移动工具】，将带有热气球的图片拖动到另一张图片上。

02 按快捷键 Ctrl+T 自由变换，调整气球图层大小及位置。

03 为有热气球图片的图层添加白色图层蒙版。

04 选择【渐变工具】，设置"渐变"为黑白径向 ▣，在图像窗口直接进行渐变填充，可以不断尝试，效果达到自然即可。

05 将图片另存为 JPEG 格式，即可得到符合要求的图片。

用上述方法，打开"练习 \5-1 图层蒙版 \3- 夜晚热气球"和"练习 \5-1 图层蒙版 \4- 小镇风光"素材进行练习，保留有热气球一张图片的天空和另一张图片的湖面、房子部分，合成一张衔接自然的图片。

5.2　剪贴蒙版

▶ 扫码轻松学

　　剪贴蒙版是指用某个下方图层的内容，来遮挡上方图层的内容（下方图层轮廓小于上方图层才会有效果）。

　　上方图层：顶层，可以有若干个，剪贴蒙版就加在顶层上。

　　下方图层：基层，只能有一个。

　　大多数情况下，剪贴蒙版只涉及两个图层，但也有给一个基层添加好几个顶层的情况。

5.2.1 剪贴蒙版的添加

执行【图层 > 创建剪贴蒙版】命令，快捷键为 Ctrl+Alt+G，可以添加剪贴蒙版。按住 Alt 键，将鼠标指针放在顶层和基层中间，当鼠标指针变为方框和向下箭头的图标后单击，也可以为当前图层添加剪贴蒙版。

有以下一个包含冰川、文字和背景 3 个图层的图像素材（上层覆盖下层，图像窗口只显示冰川图层的内容），在这个素材中，将冰川作为顶层，文字作为基层，背景只起陪衬作用。

给冰川图层添加一个剪贴蒙版。

5.2.2 剪贴蒙版的删除

执行【图层 > 释放剪贴蒙版】命令，快捷键为 Shift+Ctrl+G，可以删除剪贴蒙版。按住 Alt 键的同时，将鼠标指针放在两图层中间，当出现方框和向下箭头的图标后单击也可以删除剪贴蒙版。

剪贴蒙版与图层蒙版的区别？

首先，图标不同。图层蒙版是在图层缩览图之后有一个白色或黑色的矩形，而剪贴蒙版是在图层的缩览图前有一个向下的箭头。

其次，剪贴蒙版可以作用于很多图层，图层蒙版只能作用于一个图层。

再次，剪贴蒙版在图层最下面进行遮罩，图层蒙版在图层上面进行遮罩。

最后，图层蒙版主要影响图层的不透明度，剪贴蒙版除了影响所有顶层的不透明度外，它本身所具有的图层样式和混合模式还会对顶层产生影响。

5.2.3　剪贴蒙版的使用

剪贴蒙版通过基层的形状来限制顶层的显示状态，可以在不破坏原图像的情况下，改变图像局部的显示效果。

01 打开"练习 \5-2 剪贴蒙版 \1- 剪贴蒙版练习"素材，在图层面板选定"风景"图层。

02 执行【图层 > 创建剪贴蒙版】命令，为其添加一个剪贴蒙版。

03 按快捷键 Ctrl+T 打开自由变换，将"风景"图层调整到适当大小后按 Enter 键。

04 在图像窗口直接拖动"风景"图层，并将它放置在合适位置即可。

小练习

用上述方法，打开"练习\5-2 剪贴蒙版\2- 剪贴蒙版练习"素材，并对如图所示的图像素材进行同样操作，制作出剪贴画的效果。

5.3 矢量蒙版

矢量蒙版是专门用路径控制的，可以任意放大或缩小的蒙版。

5.3.1 矢量蒙版的添加

执行【图层>矢量蒙版>显示全部/隐藏全部】命令，就可以为当前选定图层添加矢量蒙版。【显示全部】添加的是白色矢量蒙版，【隐藏全部】添加的是灰色矢量蒙版。按住 Ctrl 键，在图层面板中单击 "添加图层蒙版" 按钮，也可以为当前选定的图层添加矢量蒙版。

以包含玫瑰花和背景两个图层的图像（上层覆盖下层，图像窗口只显示玫瑰花图层的内容），来说明矢量蒙版的作用。

为玫瑰花图层添加一个灰色矢量蒙版，此时灰色矢量蒙版表示完全透明，所以图像窗口只显示背景。

5.3.2 矢量蒙版的删除

在矢量蒙版缩览图上单击鼠标右键，在弹出的菜单命令中选择 "删除矢量蒙版"，即可删除矢量蒙版。"栅格化矢量蒙版" 会将矢量蒙版转换为图层蒙版。

为玫瑰花图层添加一个白色矢量蒙版，此时白色矢量蒙版表示完全不透明，所以图像窗口只显示玫瑰花。

5.3.3　矢量蒙版的使用

在为图层添加矢量蒙版后（如白色），选定白色矢量蒙版，然后使用【钢笔工具】或【图形工具】（路径）绘制出一条路径或一个路径图形就可以修饰矢量蒙版。

> **提示**
>
> 针对本图层，路径或路径图形内部完全透明，外部完全遮挡。针对下一图层，路径或路径图形内部完全遮挡，外部完全透明。

01 按快捷键 Ctrl+O，打开"练习\5-3 矢量蒙版\1-矢量蒙版练习"素材，图片包含杯子和背景两个图层（上层覆盖下层，图像窗口只显示杯子图层的内容）。

02 选中"杯子"图层，执行【图层>矢量蒙版>显示全部】命令，为其添加一个白色矢量蒙版。

03 选择【椭圆工具】，在属性栏设置"路径"选项，沿杯子轮廓绘制一个椭圆路径，即可透出杯子以外的背景。

矢量蒙版与图层蒙版的区别？

首先，矢量蒙版缩览图与图层蒙版的缩览图看起来一模一样，但实际是不同的，用鼠标右键分别单击图层蒙版缩览图和矢量蒙版缩览图，出现的菜单命令是完全不同的。

再次，通过选区建立的蒙版是图层蒙版，通过路径建立的蒙版是矢量蒙版。

最后，图层蒙版被蒙住的地方是黑色的，矢量蒙版被蒙住的地方是灰色的。

提示

图层蒙版通过画笔的涂抹，来实现对图像的影响，而画笔工具对矢量蒙版不起作用，选定矢量蒙版，然后用画笔涂抹时，其实画笔会直接在原图像上进行操作。

只有路径工具或图形工具（路径）才对矢量蒙版起作用。

因为选区和路径可以相互转换，所以针对一些可以形成选区的工具，可以先将选区转换为路径，然后再使用矢量蒙版。

其次，在图层蒙版中，当选定图层蒙版时，当前图层处于未选定状态；在矢量蒙版中，当选定矢量蒙版时，当前图层处于选定状态（图层缩览图和蒙版缩览图四周都会出现 4 个直角）。

5.4　快速图层蒙版

快速蒙版是指用来暂时存储选区，并为选区服务的蒙版。

5.4.1　快速图层蒙版的添加

执行【选择 > 在快捷蒙版模式下编辑】命令，可以进入快速蒙版编辑状态。

在英文输入法下，按 Q 键，也进入快速蒙版编辑状态。

在工具箱左下角单击图标还可以为选定图层添加快速蒙版。

在图层面板显示被添加快速蒙版的图层变为淡红色。

提示

默认状态下，被添加快速蒙版的图层变为淡红色，但颜色是可以修改的。在工具箱左下角"快速蒙版"的图标，用鼠标双击该图标即可弹出快速蒙版选项。

5.4.2 快速蒙版的取消

　　执行【选择 > 在快捷蒙版模式下编辑】命令，可以取消已经添加的快速蒙版。

　　在英文输入法下，按 Q 键，也可以取消已经添加的快速蒙版。

　　在工具箱左下角单击图标◻️，还可以取消已经添加的快速蒙版。

5.4.3 快速蒙版的使用

　　为图层添加快速蒙版后，使用【画笔工具】或【渐变工具】在图像窗口涂抹，默认状态下，图像涂抹过的部位会被不透明为 50% 的红色覆盖，取消快速蒙版状态，就可为除了 50% 的红色覆盖之外的区域创建选区。

> **提示**
>
> 在快速蒙版模式中工作时，虽然通道面板中会出现一个临时快速蒙版通道，但是对蒙版所有的编辑都是在图像窗口中完成的。
>
> 可以将任何选区作为快速蒙版进行编辑。例如，已经创建了一个选区，如果想要对这个选区扩展或收缩一下，就可以先进入快速蒙版模式，然后使用画笔进行涂抹编辑，最后退出快速蒙版模式，即完成了对已有选区的扩展或收缩。

　　下面进行练习，下图素材，要求去掉背景色彩，并突出左边的玫瑰花。

　　分析：给左边的玫瑰花做个选区，然后将背景去色即可。

01 按快捷键 Ctrl+O 打开"练习 \5-4 快速图层蒙版 \1- 蒙版练习"素材。 执行【选择 > 在快捷蒙版模式下编辑】命令，给图层添加快速蒙版。

02 选择【画笔工具】，切换"前景色"为黑色，为了让边缘过渡更自然，选择"柔角"画笔，在图像窗口中涂出左边的玫瑰花（如果涂错，将前景色切换为白色，在错误的地方涂抹就可以消除错误了）。

03 执行【选择 > 在快捷蒙版下编辑】命令，取消快速蒙版，与此同时，除了要突出玫瑰花位置之外的其他区域形成了一个选区。

04 执行【图像 > 调整 > 去色】命令，即可将背景去色。

05 按快捷键 Ctrl+D 取消选区。

小练习

用上述方法，对"练习 \5-4 快速图层蒙版 \2- 蒙版练习"素材进行同样的操作。

第 6 章

通道的学问

6

6.1　通道的性质

通道是用来存储构成图像信息的灰度图像（黑白灰）。通道的种类与色彩模式一一对应。

执行【窗口 > 通道】命令，可以打开通道面板。

下图在不同的色彩模式下，通道各不相同。不同的色彩模式决定了图像中可以显示的颜色数量，也决定了通道的数量。

在 Photoshop 中打开图像素材，默认情况下都是以 RGB 色彩模式打开的，此外主要以 RGB 色彩模式为例，讲解通道的知识。

通道和图层一样，也拥有单独的一个面板，该面板被称为通道面板。默认情况下，通道面板和图层面板都位于 Photoshop 软件界面的右下角。

要选择某个通道时，在通道面板单击这个通道的缩览图，该通道将会以深灰色显示。如果要选择两个或两个以上通道，在通道面板先单击第一个需要选择的通道缩览图，按住 Shift 键，然后逐个单击需要选择通道的缩览图即可。

隐藏红、绿、蓝中的任何一个通道，最顶部的 RGB 通道也会被隐藏。如果显示 RGB 复合通道，所有通道都将被显示。

在通道面板中将通道拖动到下方的"创建新通道"快捷按钮 上即可复制一个新的通道；或者在该通道缩览图后空白处单击鼠标右键，然后选择"复制通道"。

通道面板由上到下先是一个 RGB 的复合通道，然后分别是单独的红、绿、蓝 3 个颜色通道，最下面是 4 个快捷按钮图标，从左向右依次是将通道作为选区载入、将选区储存为通道、创建新通道和删除当前通道。

6.2　颜色通道

颜色通道是用于表示图像颜色信息的一种通道。

每一个颜色通道都是用来存储构成图像信息的灰度图像（黑、白、灰），而图像中的这些黑、白、灰代表了各种色光（红、绿、蓝）在各个通道里的分布，某种颜色的含量越多，这种颜色的亮度也将越高。

只选定蓝色通道时，图像窗口显示效果。

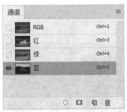

当只选定红色通道时，在此图像中，纯白色的地方表明红色亮度值为 255，纯黑区域表明红色亮度为 0，在介于纯白和纯黑的地方，越白的地方表示红色光越多，越黑的地方表示红色光越少。

天空的大部分为黑色，这表明天空的大部分位置上没有红色；树林的大部分为暗黑色和灰色，这表明树林的大部分没有红色或者所含红色很少；房

屋相对其他地方来说白色和亮灰色的地方比较多，这说明房屋部分红色比较多。

每一个颜色通道都是灰度图像，但颜色通道叠加之后却不是灰度图像。

以下面这张图像为例。

只选定绿色通道时，图像窗口显示效果。

如果关闭了红色通道，通道面板就只剩下绿色通道和蓝色通道，单独的绿色通道和蓝色通道都是灰度图像，但通过前面的学习可以知道，在 RGB 色彩模式下，蓝色通道和绿色通道叠加后（缺少红色），图像将偏青色。

如果关闭了蓝色通道，通道面板就会只剩下红色通道和绿色通道，单独的红色通道和绿色通道都是灰度图像，在 RGB 色彩模式下，红色通道和绿色通道叠加后（缺少蓝色），图像将偏黄色。

如果关闭了绿色通道，通道面板就只剩下红色通道和蓝色通道，单独的红色通道和蓝色通道都是灰度图像，在 RGB 色彩模式下，红色通道和蓝色通道叠加后（缺少绿色），图像将偏品色（洋红色）。

6.3　复合通道

复合通道不包含任何信息，只是将所有颜色通道叠加在一起显示。

在选择通道时，只要选择最顶部的 RGB 通道，所有的颜色通道都将被选择，隐藏红、绿、蓝中的任何一个通道，最顶部的 RGB 通道也会被隐藏。

因为 RGB 通道就是由 3 个单独的红、绿、蓝通道叠加而来，缺一不可，所以选择 RGB 通道，就等于同时选择了红、绿、蓝通道。

同样的道理，隐藏红、绿、蓝通道中的任何一个，剩下的通道构不成完整的 RGB 通道，因而最顶部的 RGB 通道也会被隐藏。

6.4 Alpha通道

Alpha 通道用来存储选区信息。

Alpha 通道非常有用，在后期处理图像的过程中，有时需要在以后重复使用已经创建的选区，这就需要将选区保存下来，而被保存的这个选区将以 Alpha 通道存储下来。

下图通过后期处理得到了图像中人物的选区，为了后期继续使用该选区，就用一个 Alpha 通道保存。

01 按快捷键 Ctrl+O 打开"练习 \6-4 Alpha通道 \1-通道练习"素材。

02 选择【快速选择工具】，然后在图像窗口中天空位置单击鼠标并拖动即可创建天空的选区。

03 此外需要的是城堡部分的选区，按快捷键 Ctrl+Shift+I 反选选区。

04 执行【选择 > 存储选区】命令，按"确定"按钮就会生成 Alpha 通道。

05 此时在通道面板中，可以看到 Alpha 通道。将图像文件另存为 PSD、TIFF、PNG 等格式都能够保存 Alpha 通道，当下次需要使用该选区时，打开图像文件，在该图像通道面板可以找到保存着该选区的 Alpha 通道，按住 Ctrl 键，然后单击该通道的缩览图即可载入该通道的选区。

6.5 通道的功能

以下图为例，说明通道的功能。

6.5.2 构建选区

在图层面板，按住 Ctrl 键，单击 RGB 复合通道，可以载入图像的亮部（高光）选区，然后按快捷键 Ctrl+Shift+I 可以反选亮部的选区，得到图像暗部的选区。

6.5.1 存储图像的色彩信息

3 个颜色通道存储着构成图像信息的灰度图像，它们叠加在一起时，整个图像将完整地显示出来。

在图层面板中，按住 Ctrl 键后，单击"红色
通道"缩览图，可以载入图像中红色光的亮部（高光）
选区，按快捷键 Ctrl+Shift+I 可以反选高光选区，
得到红色光的暗部选区。绿色通道和蓝色通道也是
同样的道理。

6.5.4 抠图

利用通道进行抠图，也是一种很方便的方法，
此处仅说明用途，具体的抠图方法会在后面的章节
专门讲解。

> **提示**
>
> 高光选区和暗部选区其实都包含了整幅图像的信
> 息，如果多次复制高光选区或暗部选区，就可得
> 到与原图差不多的图像。

6.5.3 储存选区

创建一个选区，执行【选择 > 存储选区】命令，
即可存储该选区。

第 7 章

Photoshop
抠图技法集锦

7

7.1 选区介绍

在进行图像编辑时，若只需要对图层中某部分的像素进行处理，则把这部分区域单独选择出来，选择出来的这个部分叫作选区。

> **提示**
>
> 选区是封闭的区域，它可以是任何形状，但不存在开放的选区。

在 Photoshop 中，选区表现为一个封闭的、游动的虚线围住的区域，由于选区虚线看上去像是一群移动的蚂蚁，因而也称蚂蚁线。蚂蚁线以内是选区范围，也就是可以编辑的部分，蚂蚁线以外是受保护的区域，也就是说这部分无法编辑。

下面的素材图，要求将右边的猕猴桃抠出来移动到其他背景上，该怎么操作？

首先需要建立一个选区，可选方法和工具很多，这里选择【快速选择工具】，然后选出右边的猕猴桃，得到一个蚂蚁线包围的选区，接着选择【移动工具】，直接将选出的猕猴桃拖入另一幅背景图像上即可，并用【橡皮擦工具】处理阴影。

选区包括规则选区和不规则选区。

规则选区： 可以用矩形选框工具、椭圆选框工具、矩形工具、椭圆工具及自定形状等工具，来建立比较规则的几何形状选区。

> **提示**
>
> 以上每个选框工具在按住Shift键时，建立的都是规范形状选区（圆、正方形）。
> 按住Alt键时，建立的都是以起点为中心点，松开的点作为终点的选区。
> 同时按住Shift键和Alt键时，建立的是以起点作为中心点，松开的点作为终点的规范形状选区。

不规则选区：可以使用魔棒工具、套索工具、多边形套索工具、磁性套索工具、快速选择工具和钢笔工具等工具，来建立不规则的几何形状选区。

在一幅图像中，当一个完整的选区建立后，若想保存这个选区，则可以执行【选择 > 存储选区】命令，在对话框中输入文字进行名称设置，单击"确定"按钮，这个选区就会随着此图像保存。

当需要载入存储的选区时，打开该图像素材，执行【选择 > 载入选区】命令即可。

7.2　路径介绍

可以创建及修改路径的工具有钢笔工具、自由钢笔工具、添加锚点工具、删除锚点工具、转换点工具、路径选择工具和直接选择工具。

7.2.1　路径的建立

打开素材图像，选择【钢笔工具】，设置"类型"为路径，将鼠标光标移到图像上，在图像的适当位置单击，得到一个锚点（小方块），然后在图像其他位置再次单击又会得到一个锚点，两个锚点之间形成一条直线，形成的图形被称为路径。如果要结束路径的绘制，那么按住 Ctrl 键，在路径之外任意地方单击即可。

提示

如果选择【钢笔工具】，将鼠标光标移到图像上，在图像适当位置添加锚点，并且拖动该锚点，在该锚点上会出现呈 180 度的两条直线，这两条直线被称为方向线，方向线末端的点被称为方向点。

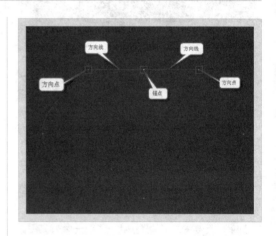

7.2.2　锚点介绍

1. 选择锚点

选择【直接选择工具】，在路径任意空心锚点上单击，该锚点将变成实心方块，即该锚点已经被选择。如果要选择多个锚点，就在选择了一个锚点后，按住 Shift 键，然后单击其他的锚点。

2.移动锚点

选择【直接选择工具】，选择锚点后拖动即可进行移动。如果选择【钢笔工具】，需要先按住 Ctrl 键，鼠标光标会变成白色小箭头形状（直接选择工具），然后按住需要移动的锚点拖动即可。

> **提示**
>
> 当移动起点锚点和终点锚点时，只会改变与它相邻一条线段的长短和方向，而移动其他锚点时，会同时改变锚点两边线段的长短和方向。锚点的位置决定路径的走向，对于已经完成的路径，更改锚点的位置即可更改路径的走向。

3.方向线

方向线的长度和角度决定了曲线的形状，通过调整方向线的长度和角度可以绘制想要的曲线。

在曲线段上，每个选中的锚点会显示一条（开口路径中的起点或终点）或两条方向线，方向线以方向点结束，方向线和方向点的位置确定曲线段的大小和形状。

例如，选择【直接选择工具】并按住最上面锚点左边的方向线，将它拉长并逆时针旋转 120 度，将得到如下图所示的路径。

路径的种类如下图所示。

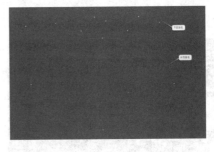

> **提示**
>
> 当确定好方向之后，按住 Alt 键，并将鼠标光标移动到锚点上，等钢笔图标右下角有个倒立小 v 时单击即可删除锚点的方向线。

7.3 18种抠图技法

▶ 扫码轻松学

抠图是将图像中需要的部分从图像中提取出来，让它成为一个单独的图层，这个过程被称为抠图或去背景。

下面讲解 18 种抠图方法，有

些方法比较冷门，有些方法比较流行，读者需要清楚的是抠图方法非常多，针对不同的图像，会用到不同的方法。没有哪一种抠图方法是万能的，了解每种抠图工具的原理与作用后，结合图像的实际，灵活运用，对于一些复杂的图像，结合多种抠图方法进行操作，最终都会得到一个比较完美的图像效果。

　　此外，所有的抠图或多或少都会损失图像的部分细节。

7.3.1　选框工具抠图法

适用范围： 适合抠取矩形（方形）的图像。

缺点： 除了矩形（方形）的图像，其他图形的抠图一般都不会用到选框工具，所以它在抠图方面局限性比较大。

有如下一幅素材图像，要求抠出图像中墙上的画。

01 按快捷键 Ctrl+O 打开"练习 \7-3 18 种抠图技法 \ 1- 选框工具练习"素材。选择【矩形选框工具】，然后在图像窗口位置拉出一个矩形选区。

02 按快捷键 Ctrl+J 复制一层选区内容，此时，图像窗口中的选区消失，但是在图层面板多出一个"图层 1"图层，其实就是已经抠出的画。

03 关闭"背景"图层前的小眼睛，隐藏"背景"图层，在 Photoshop 中棋盘格表示透明区域。

04 此时就可以将抠出的图像做进一步处理了，如移动到其他背景上。

小练习

根据上述方法，打开"练习\7-3 18种抠图技法\2-选框工具练习"素材进行练习，要求将第2个相框抠出来并复制一层，最后移动到下图所示的位置。

7.3.2 套索工具抠图法

适用范围： 适合抠取任意形状的不规则选区。

缺点： 对边缘要求较精准的图形抠图效果不理想。

有如下一幅素材图像，要求抠出素材中的一颗红莓。

01 按快捷键 Ctrl+O，打开"练习\7-3 18种抠图技法\3-套索工具练习"素材。选择【套索工具】，然后在图像窗口中图示的位置拖出一个形状，当拖出的形状闭合后会自动转化成选区。

02 为了让抠出的图边缘稍微柔和一点，可以对形成的选区进行羽化处理，按快捷键Shift+F6，输入"羽化半径"为2像素，单击"确定"按钮。

03 复制一层选区内容，图像窗口中的选区消失，在图层面板多出一个图层。

04 关闭背景图层前的小眼睛，隐藏背景图层，图像窗口只剩下抠出的红莓。

05 选择【移动工具】，将抠出的红莓移动到如下图所示的位置。

06 图像边缘存在黑色杂边，选择【橡皮擦工具】，降低硬度和不透明度，仔细修饰一下边缘部分，效果会更好。

小练习

根据上述方法，对素材"练习\7-3 18 种抠图技法\4- 套索工具练习"进行处理，要求抠出素材中间的一颗红莓并复制一层，最后移动到如下图所示的位置。

7.3.3　多边形套索工具抠图法

适用范围： 适合抠取边缘是直线的多边形的图像。

缺点： 除了多边形的图像，其他图形的抠图一般都不会用到多边形套索工具，它在抠图方面局限性比较大。

有如下一幅素材图像，要求抠出素材中的多边形图像。

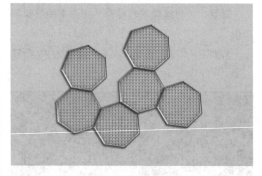

01 打开"练习\7-3 18 种抠图技法\5- 多边形套索练习"素材。选择【多边形套索工具】，然后在图像窗口中的多边形右上角边缘位置单击，确定起点，接着沿着多边形边缘单击，得到想要的选区。

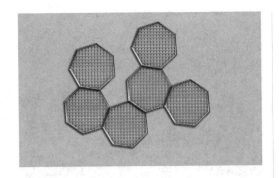

02 按快捷键 Ctrl+J 复制一层选区内容，并隐藏背景
图层。

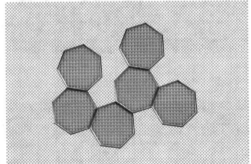

小练习

根据上述方法，对素材"练习\7-3 18种抠图技法\
6- 多边形套索练习"进行处理，要求将多边形抠
出来。

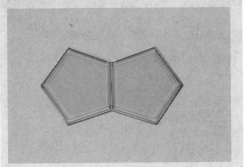

7.3.4 磁性套索工具抠图法

适用范围： 适合抠取图像主体和背景边界比较
清晰的图像。

缺点： 对于图像和背景色色差比较小的图像，
边界模糊处需手动仔细放置锚点，而且容易出现自
动识别失误的状况。

有如下一幅素材图像，要求抠出素材中的水果。

01 打开"练习\7-3 18种抠图技法\7- 磁性套索练习"
素材。选择【磁性套索工具】，在图像窗口中水
果右上角边缘单击，确定起点，然后沿着颜色分
明的边缘移动鼠标指针，软件会智能地自动识别
出想要的范围，生成相应的路径，当鼠标光标移
动到起点附近，在鼠标光标旁出现一个小圆圈时，
单击即可得到想要的选区。

02 按快捷键 Ctrl+J 复制一层选区内容，并隐藏背景
图层。

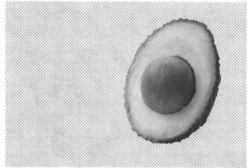

01 打开"练习\7-3 18 种抠图技法 \9- 快速选择练习"素材。选择【快速选择工具】，然后在图像窗口中蓝天位置单击并拖动创建选区。

02 按快捷键 Ctrl+Shift+I 反选选区，得到山峰的选区。

03 按快捷键 Ctrl+J 复制一层选区内容。

小练习

根据上述方法，打开"练习 \7-3 18 种抠图技法 \ 8- 磁性套素练习"素材，抠出素材中右边的水果。

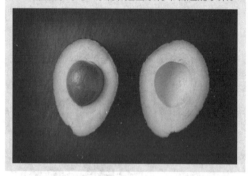

7.3.5　快速选择工具抠图法

适用范围： 用于抠取背景色彩单一的图像。

缺点： 操作时容易失误，抠图效果不够精细。

有如下一幅素材图像，要求抠出图中的山峰，并移动到天空素材上，合成新的图像。

04 打开"练习 \7-3 18 种抠图技法 \10- 天空"素材。

05 选择【移动工具】，将抠出的山峰拖动到天空素材上。

06 按快捷键 Ctrl+T 调整山峰图层的大小及位置。

小练习

根据上述方法，将素材"练习 \7-3 18 种抠图技法 \11- 快速选择练习"中的山峰抠出来，移动到"练习 \7-3 18 种抠图技法 \12- 白云天空"的背景上。

7.3.6　魔棒工具抠图法

适用范围：适用抠取图像主体和背景色色差比较明显，背景色单一或图像边界清晰的图像。

缺点：对散乱的毛发，有比较细致边缘要求的图像，抠图效果不佳。

下面的一幅素材图像，要求抠出图中的水果。

01 打开"练习 \7-3 18 种抠图技法 \13- 魔棒工具练习"素材。选择【魔棒工具】，然后在属性栏设置"容差"为 30，并勾选"连续"和"消除锯齿"复选框。"容差"值可以看之后的效果随时进行调整。

02 单击背景上的白色区域，获得一个选区，如果对选区的范围不满意，可以按快捷键 Ctrl+D 取消得到的选区，对上一步的"容差"值进行调整，再重选。如果出现遗漏或多选了区域，可以按住 Shift 键和 Alt 键对选区进行修改。按住 Shift 键是添加到选区，按住 Alt 键是从选区减去。

03 按快捷键 Ctrl+Shift+I 反选选区，得到水果的选区。

04 复制一层选区内容，关掉背景图层前的小眼睛，隐藏背景图层。

小练习

根据上述方法，打开"练习 \7-3 18 种抠图技法 \14- 魔棒人像练习"素材，抠出素材并将素材图像移动到"练习 \7-3 18 种抠图技法 \15- 星光背景"素材上。

01 打开"练习\7-3 18种抠图技法\16-辣椒抠图"
和"17-画板"素材。选择【移动工具】，将水
果图层拖动到背景素材上。

7.3.7　橡皮擦工具抠图法

适用范围： 用于抠取外形比较简单的图形，主
要用于对其他方法抠图后的效果进行进一步处理。

缺点： 边缘处理效果不好。

有如下两幅素材，要求抠出辣椒，然后放在画板
素材上。

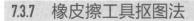

02 按快捷键 Ctrl+T 调整辣椒图层的大小及位置。

131

03 选择【橡皮擦工具】，在属性栏选择"硬角"画笔，调整"大小"为 500 像素，"硬度"为 100%，"不透明度"为 100%，涂抹辣椒周围的白色部分。

04 操作完成后，在图层面板中，关闭背景图层前的小眼睛，隐藏背景图层。

05 最终得到效果图，此时已经抠出了辣椒。

根据上述方法，要求抠出"练习 \7-3 18 种抠图技法 \18- 柠檬"的素材，并放在"17- 画板"素材上。

7.3.8　背景橡皮擦工具抠图法

适用范围：可以自动识别并清除简单、色调单一图像的背景。

缺点：只能在特定情况下使用，局限性较大。

有如下两幅素材图像，要求抠出猕猴桃图像，并放在画板素材上。

01 打开"练习\7-3 18 种抠图技法\19- 狝猴桃"和"17- 画板"素材。选择【移动工具】，将抠出的水果拖动到背景素材上。

02 调整狝猴桃图层的大小及位置。

03 选择【背景橡皮擦工具】，然后选择"柔角"画笔，调整"大小"为1000 像素，"硬度"为25%，"容差"为50%，涂抹水果周围的白色部分。

提示

可以将画笔直径设置稍微设置大点，并且在涂抹的过程中，画笔笔头中间的中心点十字不要进入要抠图像的范围。

133

小练习

要求抠出"练习\7-3 18 种抠图技法\20- 橙子"的水果素材，并放在"17- 画板"素材上。

7.3.9　魔术橡皮擦工具抠图法

适用范围：适合抠取背景色调单一的图像。

缺点：只能在特定情况下使用，局限性较大。

下面的两幅素材图像，要求抠出辣椒并放在笔记本素材上。

01 打开"练习\7-3 18 种抠图技法\21- 辣椒"和"22-笔记本"素材。选择【移动工具】，将辣椒拖动到背景素材上。

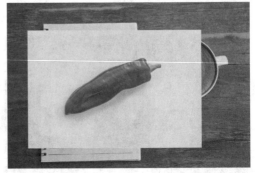

02 按快捷键 Ctrl+T 调整辣椒的大小及位置。

03 选择【魔术橡皮擦工具】，调整"容差"为15。选择"辣椒"所在的图层，然后单击辣椒周围的背景部分，大部分背景色就被去掉了。

04 继续单击辣椒所在图层周围剩余的背景部分，直到所有背景色消除干净为止。

7.3.10 图层混合模式抠图法

在图层的混合模式中有两种比较特殊的混合模式：正片叠底模式和滤色模式。

正片叠底： 有"将白色变透明"的效果，因为任何颜色与白色进行正片叠底，颜色保持不变，所以利用这个性质，可以在选择图层的混合模式为"正片叠底"时，除去图层里的白色。

滤色： 有"将黑色变透明"的效果，因为任何颜色与黑色进行滤色时，颜色保持不变，所以利用这个性质，可以在选择图层的混合模式为"滤色"时，除去图层里的黑色。

适用范围： 背景是白色或黑色的图像，以及能将背景调成白色或黑色的图像。

　　缺点：复杂背景图像不适用，局限性较大。

　　下面两幅素材图像，要求抠出文字放在笔记本素材上。

01 打开"练习 \7-3 18 种抠图技法 \24- 黑底文字"和"25- 绿皮笔记本"素材。选择【移动工具】，将文字图层拖动到背景素材上。

02 调整文字所在图层的大小及位置。

03 将文字图层的"混合模式"修改为"滤色"，这时，文字部分其实就已经被抠出来了。

04 适当调整下文字所在图层的大小及位置。

根据上述方法,将"练习\7-3 18 种抠图技法 \26-白底文字"中的文字放在"练习\7-3 18 种抠图技法 \27- 活页笔记本"素材上。

7.3.11 快速蒙版抠图法

适用范围: 用于复杂背景且对抠图要求精度不高图像的抠图。

缺点: 细微边缘处理效果不够细致。

下面的素材图像,要求抠出素材中间的一朵玫瑰花。

01 按快捷键 Ctrl+O,打开"练习\7-3 18 种抠图技法 \28- 蒙版玫瑰抠图"素材。执行【选择 > 在快捷蒙版模式下编辑】命令,为图层添加快速蒙版。

02 选择【画笔工具】,切换前景色为黑色,为了让边缘过渡得比较自然,选择"柔角"画笔,设置画笔的不透明度为 95%,然后在图像窗口中涂出中间的一朵玫瑰花。

03 执行【选择 > 在快捷蒙版下编辑】命令,取消快速蒙版,与此同时,除了刚涂出花朵位置之外的其他区域就形成了一个选区。

04 按快捷键 Ctrl+Shift+I 反选选区，得到花朵的选区。

05 按快捷键 Ctrl+J 复制一层选区内容。

06 移动到图像其他部位，然后自由变换进行调整，使图像中的玫瑰花更丰富一些。

小练习

根据上述方法，对"练习 \7-3 18 种抠图技法 \29-蒙版抠图练习"素材进行练习，要求抠出素材中的玫瑰花，复制一层并移动到合适的位置。

7.3.12 图层蒙版抠图法

适用范围：用来对外形比较简单、没有半透明边缘、没有毛发等细微边缘的图形抠图。

缺点：细微边缘处理效果不精确。

有如下两幅素材图像，要求抠出水果，放在素描本上。

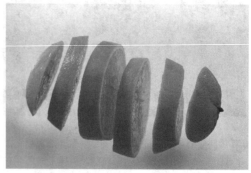

01 打开"练习\7-3 18种抠图技法\13-魔棒工具练习"和"30-素描本"素材。选择【移动工具】，将水果图层拖动到背景素材上。

02 按快捷键 Ctrl+T 调整水果图层的大小及位置。

03 选择【快速选择工具】，然后在图像窗口中有水果的位置单击并拖动鼠标光标创建选区，直到水果被全部选中。

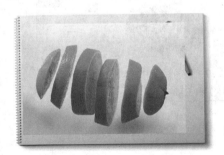

04 在图层面板最下面的快捷按钮中单击第 3 个"添加图层蒙版"按钮，为水果图层添加一个图层蒙版，此时水果已经被初步抠了出来，仔细观察水果左边部分有缺失。创建选区后再添加图层蒙版，图层蒙版会自动隐藏选区外的图像内容，并显示选区内的图像内容。

05 确保前景色为白色，然后选择【画笔工具】，在属性栏选择一个"硬角"画笔，调整画笔"大小"为 200 像素，"硬度"为 100%，"不透明度"为 100%。选择水果图层蒙版（图层蒙版四周有 4 个直角），然后在图像窗口中，用白色画笔涂抹水果周围缺失的部分，如果背景不小心被涂了出来就换成黑色画笔后涂回去（在键盘上按下 X 键会自动切换前景色和背景色的颜色）。

提示

图层蒙版抠图，其实是用白、黑两色画笔反复涂抹，增加或者减少蒙版区域，从而把要抠出的图像外形完整、精细地选出来的过程。这也是图层蒙版抠图与橡皮擦抠图之间的区别，橡皮擦擦除是不可逆的有损操作，而蒙版的操作是可逆且无损的操作。

小练习

抠出"练习\7-3 18 种抠图技法 \31- 番茄"素材中的水果，然后放在素描本上。

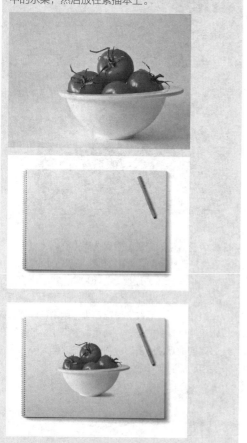

7.3.13　色彩范围抠图法

适用范围： 用于图像和背景色反差比较大或者背景色单一的图像。

缺点： 对背景比较复杂的图像不适用。

下面的一幅素材图像，要求抠出素材中的植物。

01 打开"练习 \7-3 18 种抠图技法 \32- 色彩范围抠图"素材。执行【选择 > 色彩范围】命令，弹出色彩范围的命令窗口。设置选择为"取样颜色"，"范围"为88%，并勾选"本地化颜色簇"复选框，然后选择右边的"吸管工具"。

02 在"范围"的预览窗口中单击背景。

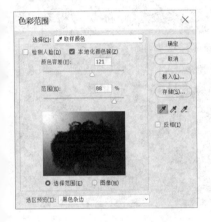

03 调整"颜色容差"为 121，加大图像和背景之间的黑白对比度。注意不要调整过大而损失了部分图像细节。

04 选择"加色吸管工具"，在预览窗口中单击有黑色的部分背景（连续），直至所有背景变为白色。

05 单击"确定"按钮，得到一个选区。

06 按快捷键 Ctrl+Shift+I 反选选区，得到植物的选区。

07 复制一层选区内容，此时植物已经抠出了。

08 将抠出的图像移动到其他背景图像上。

小练习

根据上述方法，打开"练习 \7-3 18 种抠图技法 \ 33- 色彩范围抠图练习"素材，要求抠出素材中的树并将其移动到"练习 \7-3 18 种抠图技法 \34- 色彩范围抠图风景"云朵图片上去。

7.3.14　混合颜色带抠图法

适用范围：适合处理明暗变化较大的图像。

缺点：反差不大的图像很难用此法处理。

有如下两幅素材图像，要求抠出烟花放到夜空图像上。

01 打开素材"练习 \7-3 18 种抠图技法 \35- 烟花"和"36- 夜空"。使用【移动工具】，将烟花所在的图层拖动到背景素材上。

02 调整烟花图层的大小及位置。

03 执行【图层 > 图层样式 > 混合选项】命令打开混合选项窗口。

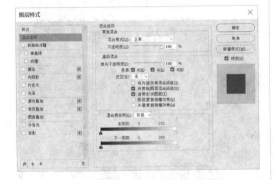

04 在混合颜色带中，将本图层渐变条下的黑色滑块拖动到 32 处，则当前图层中所有亮度值低于 32 的像素都会被隐藏。

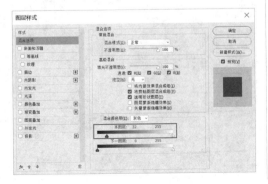

05 效果不是很自然，按住 Alt 键，单击滑块，将黑色滑块拆分成两个三角形，按住右边的三角形向右拖动到亮度数值到 95 处，则在 32 的亮度值到 95 的亮度值之间创建了一个半透明的过渡区域。

小练习

根据上述方法，打开素材"练习\7-3 18 种抠图技法\37- 烟花练习"和"38- 极光夜晚"。要求抠出烟花，然后放在天空素材中。

7.3.15　通道混合器抠图法

适用范围： 适合背景部分颜色复杂且要抠图部分的图像也非常复杂的图像。

缺点： 处理过程和步骤比较烦琐。

用之前的大树素材图像，要求抠出素材中的树。

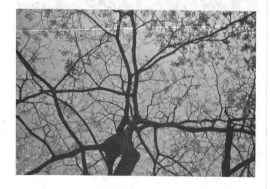

01 打开"练习 \7-3 18 种抠图技法 \33- 色彩范围抠图练习"素材，复制一层图层，并重命名为"树"。

02 按快捷键 Ctrl+I 将"树"图层反相。

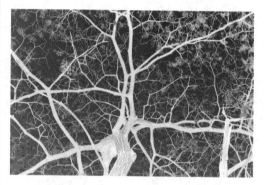

03 执行【图像 > 调整 > 通道混合器】命令，然后选择"单色"，将"树"图层转换为灰度图像。

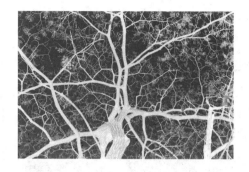

04 调整红、绿、蓝的通道参数，设置"红色"为 +40%，"绿色"为 -24%，"蓝色"为 +100%。加大所抠图像与背景之间的黑白反差，然后单击"确定"按钮。

05 执行【图像 > 调整 > 色阶】命令（快捷键为 Ctrl+L），在命令窗口中，调整输入色阶下的黑白滑块，左右两侧滑块分别为 21 和 166，进一步加大所抠图像和背景之间的黑白反差。

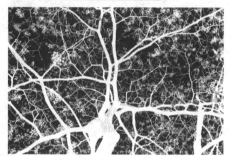

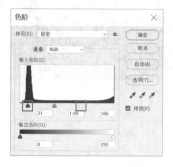

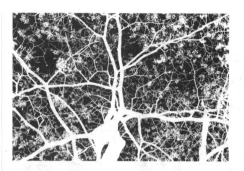

06 打开通道面板，按住 Ctrl 键，单击通道面板中 RGB 通道、红、绿、蓝 4 个通道中的任何一个，载入选区（白色部分）。

07 回到图层面板，先选中"背景"图层，然后复制一层选区内容。关闭"背景"图层和"树"图层的小眼睛，此时这棵树就抠出来了。

08 将抠出的图像移动到其他背景。

根据上述方法，打开"练习\7-3 18 种抠图技法\39- 大树抠图练习"素材进行抠图，然后移动到"40- 大自然背景"素材上。

7.3.16 钢笔工具抠图法

适用范围：用于背景复杂，且对边缘精度要求较高的图像。

缺点：最花工夫的方法，并且对散乱的头发没用。

下面的一幅素材图像，要求抠出汽车。

01 打开"练习\7-3 18 种抠图技法\41- 汽车"素材。选择【钢笔工具】，然后在属性栏中设置"类型"为路径，在图中汽车轮廓的任一个地方单击，添加起始锚点。

02 在图像轮廓曲线平滑的部分，继续添加第 2 个锚点，并按住鼠标拖动，调整方向线的大小和角度，来适应汽车轮廓的曲线。

03 为了避免第 2 次添加锚点的方向线影响与下一个锚点之间的曲线弧度，按住 Alt 键，并将鼠标光标移动到第 2 次添加的锚点上，等钢笔工具图标右下角有个倒立小 v 时，单击删除该锚点的方向线。

04 添加第 3 个锚点，并调整方向线适应曲线路径，然后按住 Alt 键，单击删除该锚点的方向线，一直重复上述动作，直到起始锚点和最终锚点重合，这时得到了要抠出的汽车路径轮廓。

05 按快捷键 Enter+Ctrl 将路径转化为选区，在钢笔工具属性栏选择"建立选区"也可以将路径转化为选区。

06 复制一层选区内容，汽车就抠出来了。

07 将抠出的图像移动到其他背景。

小练习

根据上述方法，要求抠出"练习\7-3 18 种抠图技法\42-汽车练习"素材中的汽车图像，并放到"43-海边"素材上。

7.3.17　通道抠图法

适用范围： 适用于色差较大，而外形又很复杂的图像的抠图，如头发、树枝、烟花等。

缺点： 操作烦琐，而且只适用于简单背景。

下面一幅素材图像，要求抠出素材中的人物。

01 打开"练习\7-3 18 种抠图技法\44-人像通道抠图"素材。选择【移动工具】，然后选择"通道"面板，并查看红、绿、蓝 3 个通道哪个通道的黑白对比度较大，本图片绿色通道对比度较大。

02 拖动绿通道到通道面板最下面的第 3 个快捷按钮"新建通道"上，新建一个绿通道，也可以在该绿色通道上单击鼠标右键选择"复制通道"。

03 只选择并显示复制了的这个绿通道，然后按快捷键 Ctrl+L，将输入色阶下的暗部滑块拖到 69，亮部滑块拖到 219，适当增加亮部和暗部的对比度，操作过程要保证细节没有丢失，单击"确定"按钮，加大人与背景之间的对比度。

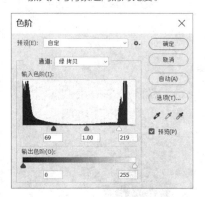

04 选择【画笔工具】，选择"硬角"画笔，设置"大小"为 500 像素，"硬度"为 100%，"不透明度"为 100%。将前景色切换为黑色，然后在图像窗口将人像部分全部涂为黑色，注意不要超过人像的轮廓边缘。

05 按住 Ctrl 键，然后单击"绿 拷贝"通道的缩览图载入选区（白色部分）。

06 按快捷键 Ctrl+Shift+I 反选选区，得到了人物的选区。

07 隐藏"绿 拷贝"通道，显示原来 RGB 通道的可见性，然后回到图层面板。

149

08 复制一层选区内容，此时人像就抠出来了。

09 将抠出的图像移动到其他背景。

小练习

根据上述方法，打开"练习 \7-3 18 种抠图技法 \45- 人像通道抠图练习"素材，要求抠出素材中的人物，放在"46- 光圈背景"背景图像上。

7.3.18　选择并遮住抠图法

适用范围：适合散乱的毛发等不规则图像。

缺点：背景和所抠图像颜色相近的图不适用。

下面的一幅素材图像，要求抠出素材中的人物。

01 打开"练习 \7-3 18 种抠图技法 \47- 人像选择并遮住抠图练习"素材。按快捷键 Alt + Ctrl +R，载入"选择并遮住命令"窗口。

02 选择【快速选择工具】，调整好工具的大小，然后涂抹人物部分，不需要的部分可以用属性栏中的"从选区减去"画笔涂掉，大概涂出来即可。

03 选择【调整边缘画笔工具】，设置画笔"大小"125像素，"硬度"为50%，沿头发的边缘轻轻涂抹。

04 在输出设置中选择"新建带有图层蒙版的图层"，便于后期修改，然后单击"确定"按钮，得到抠出的人像。

05 在图层面板新建一个空白图层，将图层重命名为"抠出人像"。

06 按快捷键 Ctrl+Shift+Alt+E 盖印一层，被抠出的人像效果将被盖印到上一步新建的"抠出人像"图层。

07 为了更容易看清楚抠出图像的细节，在图层面板的快捷命令中新建一个纯色背景（深色），然后将纯色背景图层的位置调整到"抠出人像"图层下面。

08 在深色背景下，可以看到人像头发边缘带有一定的背景色，利用画笔对人像头发边缘杂色进行修饰。选中"抠出人像"图层，按住 Ctrl 键，然后单击该图层的缩览图，载入选区。

09 选择【吸管工具】，然后在靠近杂色颜色正常的头发上选择取样点（可以放大图像处理）。

10 选择【画笔工具】，选择适当大小的"柔角"画笔，将画笔的"不透明度"降低到 35% 左右，然后对取样点附近的杂色进行涂抹，直到杂色和附近正常颜色接近为止。

11 可多次取样，多次涂抹，直到所有有杂色的地方处理完毕，按快捷键 Ctrl+D 取消选区，稍微换个背景色，可以看出，人像已经被完美的抠出了。

12 此时可以将抠出的图像移动到其他背景。

小练习

根据上述方法，打开素材"练习 \7-3 18 种抠图技法 \48- 双人抠图练习"进行练习，要求抠出素材中的人物。

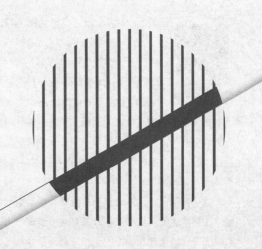

第 8 章

文字特效设计

8

8.1　玉石效果文字设计

扫码轻松学

文字设计主要是用图层样式来制作各种效果。利用图层样式可以为文字快速生成阴影、浮雕、发光和立体投影等各种具有质感和发光效果的特效，所以文字设计的核心在于对图层样式的利用。总体的制作思路分为 4 个步骤。第 1 步，制作一个简单的背景。第 2 步，输入文字。第 3 步，对文字应用各种图层样式。第 4 步，修饰细节。

这个案例是模仿透明玉石的效果，过程主要用到了图层样式的斜面和浮雕、等高线、纹理、内阴影、光泽、颜色叠加、外发光和投影等命令。

01 按快捷键 Ctrl+N 新建一个图层，"宽度"为 16 厘米，"高度"为 12 厘米，"背景内容"为白色。

02 在图层面板的快捷命令中，单击"创建新的调整图层"按钮，新建一个纯色背景图层（R=34、G=57、B=37）。

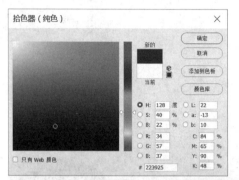

03 用鼠标双击图层缩览图右边空白区域，弹出"图层样式"命令窗口。

04 勾选"图案叠加"复选框，设置"不透明度"为 13%，"图案"为网点 1，"缩放"为 49%，然后单击"确定"按钮。

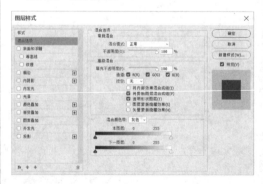

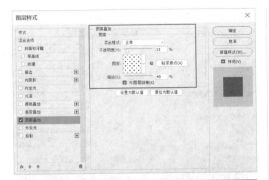

06 选择【文字工具】，设置"字体"为AR DECODE，"大小"为130点，"颜色"为黑色，然后输入文本。

07 使用【移动工具】，将文字移动到适当位置。

05 单击"创建调整图层"按钮，添加一个渐变图层，设置"渐变"为中灰密度，"样式"为径向，"缩放"为221%，并勾选"反向"和"与图层对齐"复选框。至此背景新建完成。

08 用鼠标双击图层缩览图右边空白区域，将文字图层的"填充不透明度"设置为0%，此时图像窗口中文字部分消失不见了。

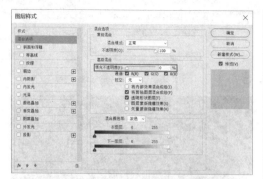

10 勾选"等高线"复选框，在面板中设置"范围"为 28%，并勾选"消除锯齿"复选框。

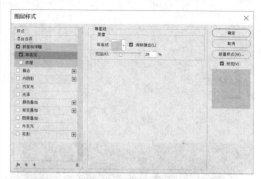

09 勾选"斜面和浮雕"复选框，设置"大小"为 33 像素，阴影的"角度"为 120 度，"高度"为 70 度，高光的"不透明度"为 100%，阴影的"不透明度"为 15%。

11 勾选"纹理"复选框，设置"缩放"为 33%，"深度"为 +2%。

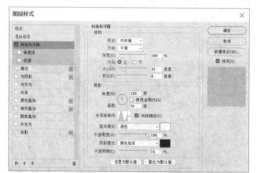

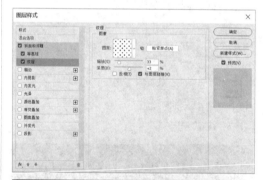

12 勾选"内阴影"复选框，设置"混合模式"为正片叠底，"不透明度"为70%，"角度"为120度，"距离"为13像素，"大小"为25像素。

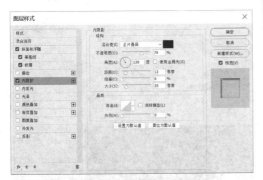

13 勾选"光泽"复选框，设置"不透明度"为21%，"距离"为17像素，"大小"为25像素，并勾选"消除锯齿"复选框。

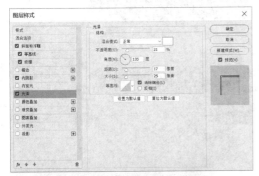

14 勾选"颜色叠加"复选框，设置"混合模式"为滤色，"颜色"为白色，"不透明度"为10%。

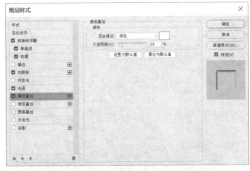

15 单击"颜色叠加"后的加号，再新建一个颜色叠加，设置"混合模式"为正常，"颜色"为淡蓝色，"不透明度"为71%。

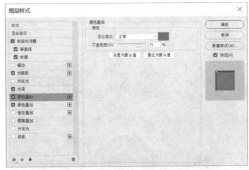

16 勾选"外发光"复选框，设置"混合模式"为叠加，"不透明度"为 30%，"大小"为 25 像素，"范围"为 50%。

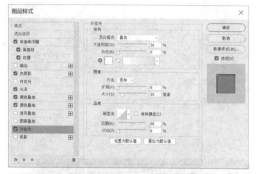

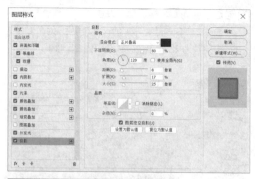

17 勾选"投影"复选框，"混合模式"为正片叠底，"不透明度"为 80%，"角度"为 120 度，"距离"为 8 像素，"扩展"为 17%，"大小"为 25 像素，然后勾选"图层挖空投影"复选框。

18 至此，透明玉石文字的效果就完成了。

8.2 透明玻璃效果文字设计

这个案例是在模仿透明玻璃的效果，过程主要用到了图层样式的斜面和浮雕、等高线、内阴影、光泽、颜色叠加、外发光和投影等命令。

01 新建一个图层，"宽度"为 16 厘米，"高度"为 12 厘米。

02 单击"创建调整图层"按钮，新建一个纯色背景图层（R=184、G=223、B=189）。

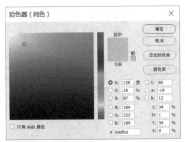

03 用鼠标双击图层缩览图右边空白区域，弹出图层样式命令窗口。

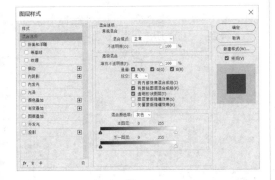

04 勾选"图案叠加"复选框，设置"不透明度"为13%，"图案"选择嵌套方块，"缩放"为149%，并勾选"与图层链接"复选框。

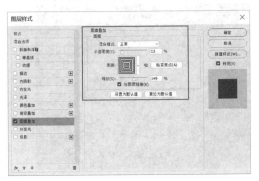

05 单击"创建调整图层"按钮，添加一个渐变图层。设置"样式"为径向，"缩放"为221%，勾选"反向"和"与图层对齐"复选框。

06 选择【文字工具】，设置"字体"为AR JULIAN，"大小"为90点，"颜色"为黑色，然后输入文本。

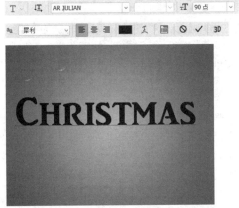

07 选择【移动工具】，将文字移动到适当位置。

08 用鼠标双击图层缩览图右边空白区域，设置"填充不透明度"为 0%。

09 勾选"斜面和浮雕"复选框，设置"样式"为内斜面，"深度"为 105%，"大小"为 33 像素，"软化"为 1 像素，"角度"为 120 度，"高度"为 70 度。

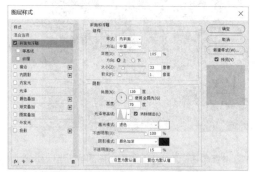

10 勾选"等高线"复选框，设置"范围"为 25%。

11 勾选"内阴影"复选框，设置"混合模式"为正片叠底，"不透明度"为 70%，"距离"为 13 像素，"大小"为 25 像素。

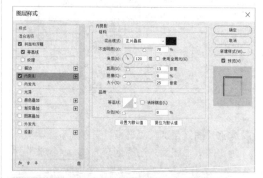

12 勾选"光泽"复选框,设置"不透明度"为33%,"角度"为135度,"距离"为17像素,"大小"为25像素。

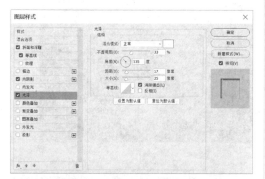

13 勾选"颜色叠加"复选框,设置"混合模式"为滤色,"不透明度"为10%。

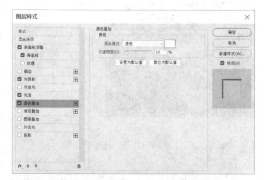

14 勾选"外发光"复选框,设置"混合模式"为叠加,"不透明度"为30%,"大小"为24像素,"范围"为50%。

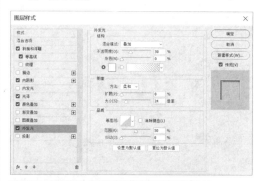

15 勾选"投影"复选框,设置"混合模式"为正片叠底,"不透明度"为80%,"角度"为120度,"距离"为8像素,"扩展"为17%,"大小"为25像素。

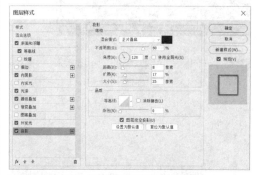

16 至此，透明玻璃石文字效果就完成了。

8.3　粉笔效果文字设计

这个案例是在模仿粉笔文字的效果，过程主要用到了图层样式的内阴影、内发光、光泽、图案叠加和外发光等命令。

01 新建一个图层。设置"宽度"为 16 厘米，"高度"为 12 厘米，"背景内容"为白色。

02 单击"创建调整图层"按钮，新建一个纯色背景图层（R=8、G=31、B=11）。

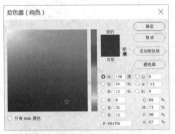

03 用鼠标双击图层缩览图右边空白区域，弹出图层样式窗口。

04 勾选"图案叠加"复选框,设置"不透明度"为15%,"缩放"为47%。

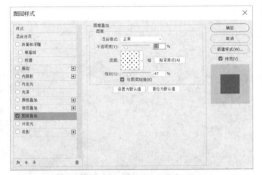

05 单击"创建调整图层"按钮,添加一个渐变图层。设置"样式"为径向,"缩放"为473%,并勾选"反向"和"与图层对齐"复选框。

06 选择【文字工具】,设置"字体"为Adobe 黑体 Std,"大小"为100点,"颜色"为黑色,输入文本。

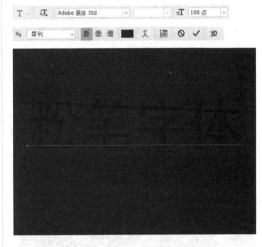

07 选择【移动工具】,将文字移动到适当位置。

08 用鼠标双击图层缩览图右边空白区域,设置"填充不透明度"为0%。

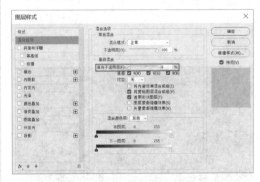

09 勾选"内阴影"复选框,设置"不透明度"为50%,"角度"为135度,"阻塞"为100%,"大小"为4像素,"杂色"为50%。

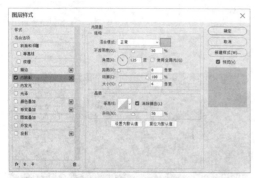

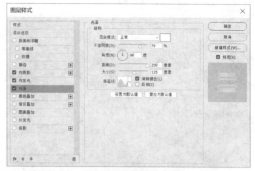

11 勾选"光泽"复选框,设置"不透明度"为75%,"距离"为250像素,"大小"为125像素。

10 勾选"内发光"复选框,设置"混合模式"为滤色,"不透明度"为6%,"大小"为29像素,"范围"为50%。

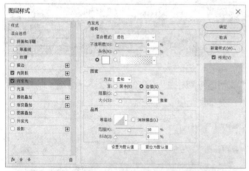

12 勾选"图案叠加"复选框,设置"缩放"为417%,并勾选"与图层链接"复选框。

13 勾选"外发光"复选框，设置"不透明度"为90%，"杂色"为27%，"大小"为4像素，"范围"为50%。

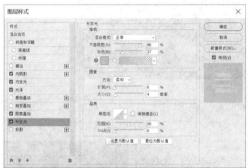

14 至此，粉笔效果的文字就完成了。

8.4 大理石效果文字设计

这个案例是在模仿大理石文字的效果，过程主要用到了图层样式的斜面和浮雕、内阴影、内发光、光泽、外发光和投影等命令。

01 新建一个图层。设置"宽度"为16厘米，"高度"为12厘米，"背景内容"为白色。

02 单击"创建调整图层"按钮，新建一个纯色背景图层（R=49、G=42、B=55）。

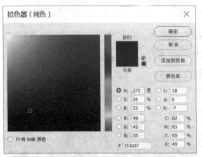

03 用鼠标双击图层缩览图右边空白区域，弹出图层样式窗口。

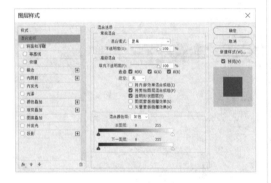

04 勾选"图案叠加"复选框，设置"不透明度"为13%，"缩放"为33%。

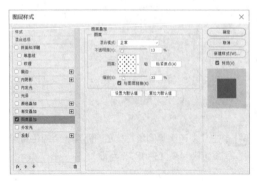

05 单击"创建调整图层"按钮，添加一个渐变图层。设置"样式"为径向，"缩放"为221%。

06 选择【文字工具】，设置"字体"为AR DECODE，"大小"为130点，"颜色"为黑色，输入文本。

07 选择【移动工具】，将文字移动到适当位置。

08 用鼠标双击图层缩览图右边空白区域，设置"填充不透明度"为50%。

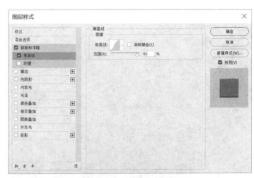

09 勾选"斜面和浮雕"复选框，设置"样式"为内斜面，"大小"为21像素。勾选"使用全局光"复选框，设置"高度"为30度，"高光模式"为滤色，高光的"不透明度"为75%，"阴影模式"为正片叠底，阴影的"不透明度"为50%。

11 勾选"内阴影"复选框，设置"混合模式"为正片叠底，"不透明度"为22%，"距离"为8像素，"大小"为3像素。

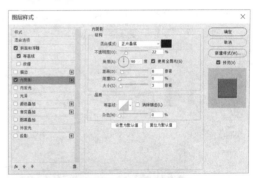

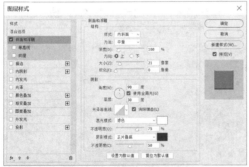

10 勾选"等高线"复选框，设置"范围"为93%。

12 勾选"内发光"复选框，设置"混合模式"为滤色，"不透明度"为35%，"杂色"为5%，"阻塞"为3%，"大小"为5像素，"范围"为50%，"抖动"为9%。

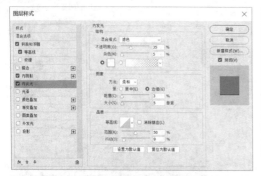

13 勾选"光泽"复选框，设置"混合模式"为溶解，"不透明度"为 75%，"角度"为 45 度，"距离"为 69 像素，"大小"为 42 像素。然后勾选"消除锯齿"和"反相"复选框。

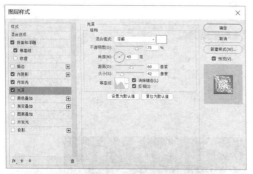

14 勾选"外发光"复选框，设置"混合模式"为滤色，"不透明度"为 7%，"杂色"为 4%，"大小"为 2 像素，"范围"为 24%。

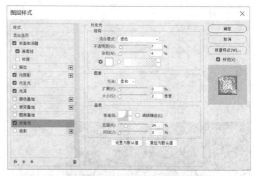

15 勾选"投影"复选框，设置"混合模式"为正片叠底，"不透明度"为 16%，"距离"为 22 像素，"扩展"为 6%，"大小"为 3 像素。然后勾选"使用全局光"和"图层挖空投影"复选框。

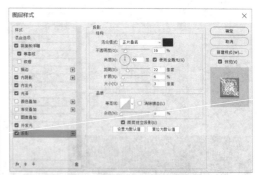

16 至此，大理石效果的文字就完成了。

8.5 金属黄铜效果文字设计

这个案例是在模仿金属黄铜文字的效果，过程主要用到了图层样式的斜面和浮雕、纹理、描边、内阴影、内发光、光泽、颜色叠加和投影等命令。

01 新建一个图层，设置"宽度"为16厘米，"高度"为12厘米，"背景内容"为白色。

02 单击"创建调整图层"按钮，新建一个纯色背景图层（R=51、G=47、B=36）。

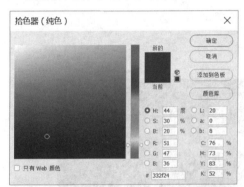

03 用鼠标双击图层缩览图右边空白区域，弹出图层样式窗口。

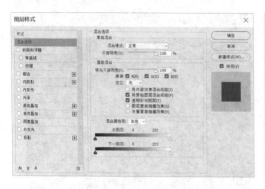

04 勾选"图案叠加"复选框，设置"不透明度"为
13%，图案选择"网格 1"，"缩放"为 87%。

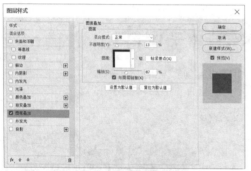

07 选择【移动工具】，将文字移动到适当的位置。

05 单击"创建调整图层"按钮，添加一个渐变图层，
设置"样式"为径向，"缩放"为 221%，勾选"反
向"和"与图层对齐"复选框。

08 用鼠标双击图层缩览图右边空白区域，弹出图层
样式窗口。勾选"斜面和浮雕"复选框，设置"样
式"为浮雕效果，"深度"为 84%，"大小"为
18 像素，"软化"为 1 像素，"角度"为 117 度，
"高度"为 51 度。然后设置"高光模式"为线性
光，"阴影模式"为正片叠底。

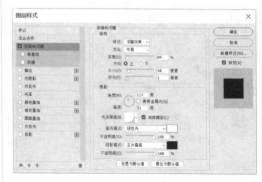

06 选择【文字工具】，设置"字体"为 Adobe 黑体
Std，"大小"为 100 点，"颜色"为黑色，输
入文本。

09 勾选"纹理"复选框，设置"图案"为蚁穴，"缩放"为89%，"深度"为-67%。

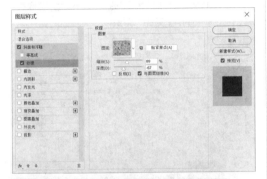

10 勾选"描边"复选框，设置"大小"为3像素，"位置"为外部，"缩放"为47%。

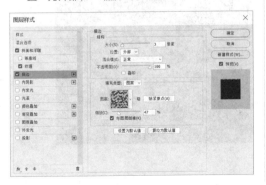

11 勾选"内阴影"复选框，设置"混合模式"为正片叠底，颜色变为明黄色（R=253、G=246、B=10）。然后设置"不透明度"为79%，"距离"为29像素，"大小"为179像素。

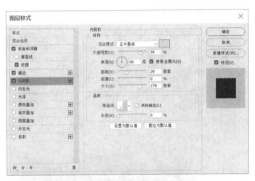

12 勾选"内发光"复选框，设置"混合模式"为正片叠底，"大小"为17像素，"范围"为50%。

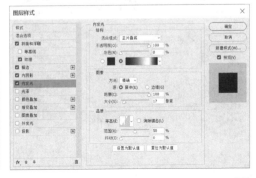

13 勾选"光泽"复选框,设置颜色为土黄色(R=242、G=223、B=120),"角度"135 度,"距离"为 4 像素,"大小"为 88 像素,并勾选"反相"复选框。

15 勾选"投影"复选框,设置"混合模式"为正片叠底,"颜色"为黑色,"不透明度"为 38%,"距离"为 42 像素,"扩展"为 20%,"大小"为 42 像素,并勾选"使用全局光"复选框。

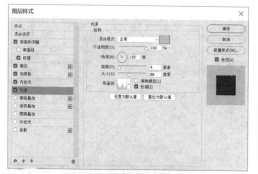

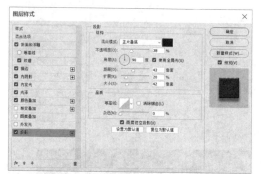

14 勾选"颜色叠加"复选框,设置"混合模式"为线性光,颜色为(R=255、G=216、B=0)。

16 至此,金属黄铜效果的文字就完成了。

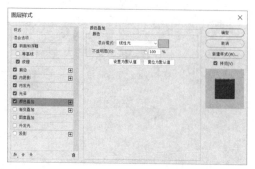

第 9 章

滤镜的学问

9

9.1 滤镜

滤镜是为了点缀和艺术化图像，而对图像添加的各种特殊效果。通俗地讲，滤镜就是将图像原有的画面进行艺术过滤，用一种不同的方式展示。

Photoshop 的滤镜分为两类，一类是内部滤镜，一类是外挂滤镜。

内部滤镜是 Photoshop 自带的滤镜，包含液化、滤镜库、Camera Raw 滤镜、风格化、模糊、渲染和杂色等。

光线滤镜

打开图像后，在菜单栏选择【滤镜】命令，然后选择相应的滤镜，如果该滤镜有参数，则在设置参数后，单击"确定"按钮即可为图像设置为相应的滤镜效果。

> **提示**
>
> 给一般图层添加滤镜，只能设置一次参数得到一种效果，而大部分滤镜没有预览选项，所以只能一次一次试效果。但是当你将一般图层转换为智能对象后，如果对效果不满意，则可以随时修改，且后期如果需要继续修饰，也可以很方便地随时进行。

拼接滤镜

外挂滤镜需要下载、安装之后才能使用，包含边框、雨滴、羽毛、闪电和光线等滤镜。

上次滤镜操作(F)	Alt+Ctrl+F
转换为智能滤镜(S)	
滤镜库(G)	
自适应广角(A)...	Alt+Shift+Ctrl+A
Camera Raw 滤镜(C)...	Shift+Ctrl+A
镜头校正(R)...	Shift+Ctrl+R
液化(L)...	Shift+Ctrl+X
消失点(V)...	Alt+Ctrl+V
3D	▶
风格化	▶
模糊	▶
模糊画廊	▶
扭曲	▶
锐化	▶
视频	▶
像素化	▶
渲染	▶
杂色	▶
其它	▶
浏览联机滤镜...	

9.2 滤镜库

滤镜库是合并了多个常用滤镜组的对话框，可以为图像设置各种滤镜效果。滤镜库窗口包括预览窗口、艺术效果和参数设置 3 个部分。

预览窗口： 用来预览各种被选择的滤镜效果。

艺术效果： 滤镜库窗口中有风格化、画笔描边、扭曲、素描、纹理和艺术效果 6 组滤镜，在各组滤镜下拉菜单中又有各种艺术效果，使用时在需要的艺术效果上单击即可。

参数设置： 如果对选择的艺术效果不满意，可以在滤镜库窗口右侧调整该艺术效果的参数，来修改艺术效果。

01 打开素材图片。

02 按快捷键 Ctrl+J 复制"背景"图层，得到"图层 1"图层。

03 执行【滤镜 > 转换为智能滤镜】命令，将复制的图像转换成智能对象。

04 执行【滤镜 > 滤镜库】命令，打开滤镜库命令窗口。

05 在滤镜库命令窗口中，单击某种艺术效果的滤镜图标即可选择该种滤镜，然后可以根据预览窗口中艺术效果的好坏来调整参数，完成设置后，单击"确定"按钮即可为该图片应用该艺术效果。

9.3　Camera Raw滤镜

Camera Raw 滤镜能在不损坏图像的前提下，高效、专业地对图像素材进行校色、调色、应用预设等操作，它的功能与 Lightroom 基本相同。Camera Raw 滤镜窗口包括常用工具、基本菜单和预览窗口 3 个部分。

常用工具： 主要用来对图像进行局部调整（调整画笔、渐变滤镜、径向滤镜）。

预览窗口： 用来实时预览图像调整后的效果。

基本菜单： 用来调整图像的白平衡、光影、色彩、色调、亮度和细节等。

Camera Raw 主要包含两个功能。

（1）校正镜头和校准相机。

（2）为图像调色。

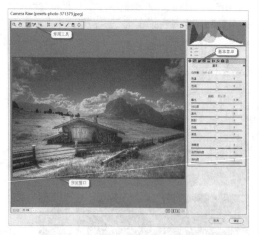

如果经常使用同一种效果，就可以将已经调好的色调添加成预设，这样在以后使用时，单击对应效果即可。

有如下一幅人像，要求调一个偏亮的暖色调，并且突出人物部分。

01 按快捷键 Ctrl+O 打开图片，然后按快捷键 Ctrl+J 复制图像。

02 执行【滤镜 > 转换为智能滤镜】命令将复制的图像转换成智能对象。

03 按快捷键 Shift+Ctrl+ A 打开滤镜命令窗口。

04 这个图像镜头不需要校正，可以直接在基本菜单中进行基本调整。设置"色温"为 +4，"色调"为 -7，"曝光"为 -0.15，"对比度"为 +2，"高光"为 -100，"阴影"为 +59，"白色"调整为 -93，"黑色"为 +88，"自然饱和度"为 +49，"饱和度"为 -18。总体让图像大部分色彩信息向中间靠。

05 对曲线进行调整。在 RGB 通道中，向上拉曲线，让图像整体稍稍变亮。

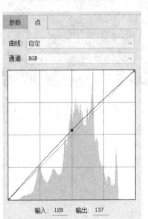

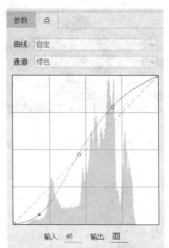

06 在红通道中拉一个 S 曲线，提亮亮部红色光部分，并压暗暗部青色光部分。

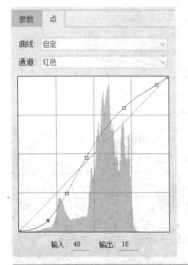

08 在蓝通道中拉一个 S 曲线，提亮亮部蓝色光部分，并压暗暗部黄色光部分。对曲线做的调整，整体效果是为了加强图像的颜色对比度。

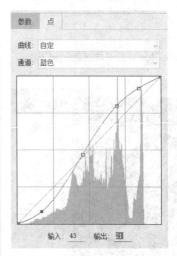

07 在绿通道中拉一个 S 曲线，提亮亮部绿色光部分，并压暗暗部品红色光部分。

09 对图像进行适当锐化并减少杂色。打开【锐化】面板，设置"数量"为40，"半径"为1.2，"细节"为25。打开【减少杂色】面板，设置"明亮度"为47，"明亮度细节"为70，"颜色"为25，"颜色细节"为50，"颜色平滑度"为50。

11 打开【饱和度】面板，调整"红色"为-34，"橙色"为-22，"黄色"为-33，"绿色"为-25，"浅绿色"为-57，"蓝色"为-8，"紫色"为-11，"洋红"为-23。

10 对色相/饱和度/明度进行调整。打开【色相】面板，调整"红色"为-8，"橙色"为-8，"黄色"为+26，"绿色"为+52，"浅绿色"为-25，"蓝色"为-1。

12 打开【明亮度】面板，调整"红色"为 -4，"橙色"
为 +24，"黄色"为 +4，"绿色"为 +4，"浅绿色"
为 -2，"蓝色"为 +9，"紫色"为 -10，"洋红"
为 +5。这步操作是为了突出人物面部和头发部分。

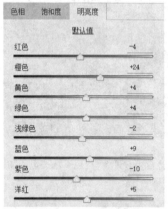

14 为图像添加一个晕影效果，压暗四角，以突出人像。
打开【裁剪后晕影】面板，调整"数量"为 -24，
"羽化"为 96。

13 对分离色调后的阴影和高光进行调整。打开【高
光】面板，调整"色相"为 326，"饱和度"为
15。打开【阴影】面板，调整"色相"为 353，
"饱和度"为 8。稍微增加一些红色，让图像偏
向暖色调。

15 在相机校准中，根据图像对三原色进行调整。设置"色调"为 -27。打开【红原色】面板，调整"色相"为 +3，"饱和度"为 -15。打开【绿原色】面板，调整"色相"为 +5，"饱和度"为 +58。打开【蓝原色】面板，调整"色相"为 -18，"饱和度"为 -57。

使用相同的方法，打开"练习 \9-3 Camera Raw 滤镜 \1- 调色练习人像"素材，为图像调一个偏亮的暖色调效果。

16 调整完毕后，单击"确定"按钮就完成调色了，最终得到一个偏亮、偏红的暖色调效果。

9.4 液化

扫码轻松学

　　液化是指对要处理图像的局部进行放大、缩小、扭曲和变形等操作，如人脸的变瘦、眼睛的变大，以及嘴巴、鼻子的变小等，快捷键为 Shift+Ctrl+X。

　　液化窗口主要包括工具栏、预览窗口和属性选项 3 个部分。

9.4.1　工具栏介绍

1. 向前变形工具

使用【向前变形工具】，在预览窗口上拖曳，被拖曳部分将沿着拖曳方向产生变形效果。

2. 重建工具

选择【重建工具】，可以对已经变形的图像进行涂抹，以恢复被涂抹部分为最初的效果。

3. 平滑工具

选择【平滑工具】，对已经变形的图像进

行涂抹，可降低该部分的变形锐度，涂抹次数越多，变形程度越小。

4. 顺时针旋转扭曲工具

选择【顺时针旋转扭曲工具】，当按着鼠标不动时，画笔范围内的图像将会以画笔中心为中点进行顺时针旋转，或者用鼠标直接拖曳时，画笔范围内的图像也将沿着顺时针方向旋转。

5. 褶皱工具

选择【褶皱工具】，当单击或按住鼠标时，画笔范围内的图像将产生收缩效果。如可以将眼睛变小。

6. 膨胀工具

选择【膨胀工具】◈，当单击或按住鼠标时，画笔范围内的图像将产生放大效果。

7. 左推工具

选择【左推工具】∭，可以移动与鼠标拖动方向垂直的图像。当按住鼠标向上拖曳时，画笔范围内的图像会向左移动；当按住鼠标向下拖曳时，画笔范围内的图像会向右移动。如可以将头发变整齐。

8. 冻结蒙版工具

选择【冻结蒙版工具】✐，在图像不想做修改的地方涂抹，该区域会被淡红色覆盖，这时在使用向前变形、褶皱、左推等工具液化图像时被覆盖的区域不受这些工具的影响，不会被扭曲。

9. 解冻蒙版工具

选择【解冻蒙版工具】✐ 可以解冻被冻结的图像。

10. 脸部工具

选择【脸部工具】☻，将鼠标光标停在人脸五官上时，五官上会出现各种图标和工具提示，而通过拖拉这些图标和工具即可对人像五官进行调整。

例如，将鼠标光标放在右边眼睛的位置，鼠标光标将变成一个双向对角箭头，此时向外拖动这个箭头，即可放大眼睛。

9.4.2 属性选项

属性选项在图像窗口的右边，下面具体介绍主要属性的功能。

1. 人脸识别液化

如果图像素材只涉及人像脸部调整，那可以直接在人脸识别液化属性下智能调整，只需拖动各个五官详细属性下的滑块。

2. 视图选项

在视图选项下，勾选网格选项，预览窗口中将显示网格。

3. 画笔重建选项

单击"恢复全部"按钮，图像将恢复到变形前的状态。

有如下一幅素材图像，要求对人像脸部五官做出修正。

01 打开素材图，然后复制图层得到"图层 1"图层。

02 执行【滤镜＞转换为智能滤镜】命令，将复制的图像转换成智能对象。

03 按快捷键 Shift+Ctrl+ X 打开滤镜命令窗口。

04 因为这个图像素材只涉及人像脸部，所以直接在"人脸识别液化"属性下进行智能调整即可，如果调整完之后对图像还不满意，可以再在预览窗口进一步修饰。

小练习

根据上述方法，打开"练习\9-4 液化\1- 五官修正"素材进行练习，要求对人像脸部五官做出修正。

02 虽然背景比较简单，但是有头发，因而选用选择并遮住抠图法，抠出人像。

9.4.3 形体液化练习

打开"练习 \9-4 液化 \2- 瘦身美化"素材，要求对人像形体进行瘦身美化。

分析： 当涉及人像形体液化时，对于背景比较简单的图一般会抠出人像，然后进行液化处理，本例中的这张素材就是先抠出人像，然后对人像进行形体液化。

01 按快捷键 Ctrl+O 打开素材。

03 单击"创建新图层"快捷按钮，新建一个空白图层，得到空白的"图层 2"图层。

04 在隐藏背景的前提下，按快捷键 Ctrl+Shift+Alt+E 盖印一层，被抠出的人像效果将被盖印到空白的"图层 2"图层上。

05 按快捷键 Ctrl+J 复制图像，得到新图层，重命名为"人像"。

06 为了更容易看清楚抠出"人像"图层的细节，在图层面板的快捷命令中新建一个纯色背景，然后将纯色图层的位置调整到抠出人像图层下面。

07 选中"人像"图层，执行【滤镜 > 转换为智能滤镜】命令，将"人像"图层转换成智能对象。

08 按快捷键 Shift+Ctrl+ X 打开滤镜命令窗口。

09 形体液化大部分的调整都是在【向前变形工具】下完成的，所以选择【向前变形工具】，调整画笔的大小和压力。设置"大小"为 250，"浓度"为 43，"压力"为 51。设置画笔要比所调整物体稍微大一些，画笔太小会使调整比较突兀，压力设置适中即可。

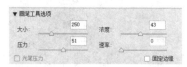

10 先从腿部开始，可以慢慢调整，不一定要一次到位，尽量要保持优美的曲线，避免出现突兀和生硬的边缘。

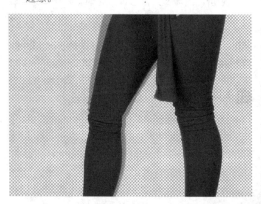

11 粗略调整之后，再次调整画笔大小，调整过渡不自然的部分，然后继续修饰其他部分。

12 因为之前将"人像"图层转换成了智能对象，所以不用再次在菜单栏执行液化命令，就可以对刚才调整完的"人像"图层继续做调整，直接在图层面板用鼠标双击人像图层下的汉字液化即可打开液化命令窗口。

13 调整另外一条腿，始终记得要慢慢调整，保持优美的曲线，避免出现突兀和生硬的边缘。

14 以同样的方法修饰腰腹部。

15 单击"确定"按钮得到如下效果。

小练习

根据上述方法，对"练习\9-4液化\3-瘦身练习"素材进行练习，要求对人像形体进行瘦身、美化。

9.5 插件的使用

▶ 扫码轻松学

9.5.1 笔刷的安装及使用

笔刷是一些预设的图案，可以以画笔的形式直接使用。载入笔刷后，在画笔工具的属性栏选择该笔刷，就可以对图像素材进行绘制，如画上阳光、树枝、沙尘或白云等预设图案。

1. 笔刷的安装

01 将笔刷安装包放在指定文件中。

02 解压刚才下载的笔刷，并记住笔刷存储路径。

03 打开 Photoshop 软件，选择【笔画工具】。

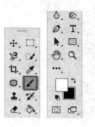

04 在属性栏打开画笔下拉面板。

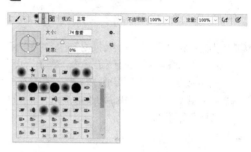

05 单击右上角的设置按钮，会弹出隐藏菜单。

06 在弹出的隐藏菜单中选择"载入画笔"命令，弹出载入画笔命令窗口。

07 选择要载入的笔刷。

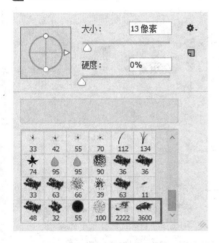

2. 笔刷的使用

01 打开"练习 \9-5 插件的使用 \1- 铁塔"素材。

02 按快捷键 Shift+Ctrl+N 新建一个空白图层。

03 选择【笔画工具】，然后在笔画工具的属性栏中打开画笔下拉面板，在画笔笔头形状中，就可以看到已经载入的笔刷。

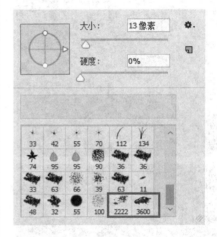

04 选择刚才载入笔刷中的最后一个形状，然后设置笔刷"大小"为1000像素，"不透明度"为90%，并确保前景色为白色。选中之前新建的图层，然后在图像窗口的适当位置单击鼠标，就可以为当前素材添加白云效果。

提示

按住Alt键，配合鼠标右键，左右来回拖动，可以直接改变画笔的大小。

按住Alt键，配合鼠标右键，上下来回拖动，可以直接改变画笔的硬度。

也可以直接使用]键和[键，改变画笔的大小。

小练习

根据上述方法，安装提供的白云笔刷，并用该笔刷打开"练习\9-5 插件的使用\2- 夜空森林"素材进行练习。

9.5.2 样式的安装及使用

样式是为图层中的普通图像添加的具有阴影、浮雕、光泽、颜色叠加、图案叠加和描边等特殊效果的预设效果。

1. 样式的安装

01 将样式压缩包放在指定文件中。练习时打开"练习\9-5 插件的使用\小鱼金属样式"文件。

02 解压刚才下载的样式，并记住样式存储路径。

03 打开 Photoshop 软件，在软件界面右侧浮动面板中找到"样式"面板。如果样式面板不在右侧浮动面板，可以执行【窗口>样式】命令。

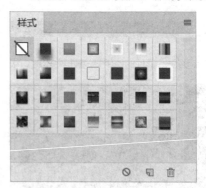

04 单击右上角的折叠按钮，从弹出的快捷菜单中选择【载入样式】命令。

2. 样式的使用

01 按快捷键 Ctrl+O 打开"练习 \9-5 插件的使用 \3- 机车模型"素材。

02 选择【横排文字工具】,设置文字大小、字体及颜色,然后输入"钟情机车"文字。

03 在样式面板中,单击安装的金属样式图案就可以为文字应用该样式效果。

05 在载入样式命令窗口中选择要载入的样式,单击"载入"按钮即可载入该样式。

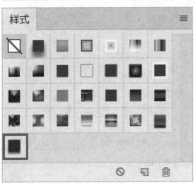

小练习

根据上述方法，安装提供的样式，并用该样式对"练习\9-5 插件的使用\4- 人间有情"素材进行练习。

9.5.3　动作的安装及使用

当需要大批量对图像进行同一操作处理时，一张一张地处理不仅枯燥而且浪费时间，如果这时录制了处理动作，那么使用动作，只需很短的时间就可以让软件智能地自动执行以上操作。

动作窗口最下面的快捷按钮，从左到右依次是停止播放 / 录制、录制、播放、创建新组、创建新动作和删除。

01 将动作安装包放在指定文件中。

02 解压刚才下载的动作，并记住动作存储路径。

03 打开 Photoshop 软件，按快捷键 Alt+F9 打开动作面板。

04 单击右上角的折叠按钮，从弹出的快捷菜单中选择【载入动作】命令。

05 选择要载入的动作，单击"载入"即可载入该动作。

9.5.4 外挂滤镜的安装及使用

1. 外挂滤镜的安装

01 将符合软件版本的外挂滤镜安装包放在指定文件中。

02 解压刚才下载的外挂滤镜，并记住外挂滤镜的存储路径。

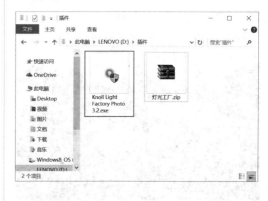

03 外挂滤镜一般有两种，后缀是 .8bf 的文件和后缀是 .exe 的文件，针对后缀是 .8bf 的文件，直接将它复制到 Photoshop 软件安装目录中的"Plug-in"文件夹中，然后重启 Photoshop 软件即可看到安装的滤镜。针对后缀是 .exe 文件，解压之后，直接用鼠标双击 .exe 文件，然后单击安装即可。

04 重启 Photoshop 软件即可看到已安装的外挂滤镜。

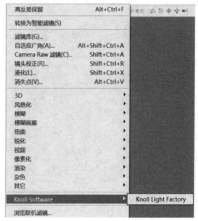

2. 外挂滤镜的使用

01 在 Photoshop 中打开素材图。

02 执行【滤镜 > 转换为智能滤镜】命令，将复制的图像转换成智能对象。

03 在菜单栏执行【滤镜 > 灯光工厂】命令。

04 在窗口左侧用鼠标双击选择不同类型的灯光，在中间的预览窗口可以拖动鼠标光标来改变灯光作用的位置。

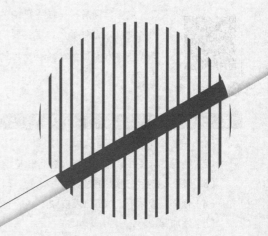

第 10 章

日常实用技术案例

10

10.1　手机照变证件照

扫码轻松学

这个案例是将一张手机拍的照片处理成证件照，过程主要用到了选择并遮住、智能对象和液化等命令。

思路：

（1）一张背景干净的正面人像照片。

（2）利用"选择并遮住法"将人像抠出来。

（3）修补人物头发边缘的杂色。

（4）修饰（液化）人像五官及皮肤。

（5）添加背景。

（6）裁剪。

01 打开手机相机，选择比较干净的背景，可以使用灯光增加照片的细节、质感和饱和度，然后按证件照的要求拍一张人像作为素材。

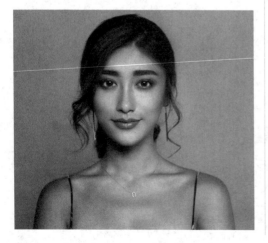

02 启动 Photoshop 软件，按快捷键 Ctrl+O 打开"练习\10-1 手机照变证件照\1- 人像证件照"素材，得到人像素材的背景图层。

03 按快捷键 Ctrl+J 复制一层图层，得到新图层，将其重命名为"人像"。

04 按快捷键 Alt+Ctrl+R 进入【选择并遮住】命令窗口。

05 选择【快速选择工具】，然后涂抹人像部分，如果操作失误，涂抹了不需要的部分可以用属性栏里的减去笔头涂掉，这一步大概涂出人像即可。

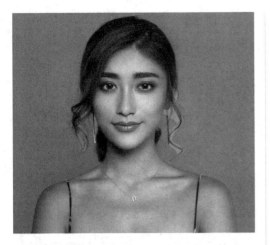

06 选择【调整边缘画笔工具】✏️，设置好适当的大小和硬度，然后沿头发边缘轻轻涂抹即可得到几乎完美的头发细节，输出设置选择"新建带有图层蒙版的图层"，便于后期修改。

07 此时人物的边缘带有一定的背景色。

08 在图层面板新建一个空白图层得到新图层，将其重命名为"抠出人像"。

09 在隐藏"背景"图层和"人像"图层的前提下，按快捷键 Ctrl+Shift+Alt+E 盖印一层，被抠出的人像效果将被盖印到上一步新建的"抠出人像"图层上。

10 为了更容易看清楚抠出图像的细节，在图层面板的快捷命令中新建一个纯色背景（深色），然后将纯色图层的位置调整到"抠出人像"图层下面。

12 选择【吸管工具】，然后在靠近杂色但是颜色正常的头发上选择取样点（取样环中心部分）。

11 在深色背景下，人像周围的杂色显得非常明显。下面，利用画笔对人像头发边缘杂色进行修饰。首先选中"抠出人像"图层，按住 Ctrl 键，然后单击"抠出人像"图层的缩览图，载入"抠出人像"图层的选区。

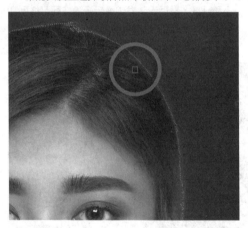

13 选择【画笔工具】，然后在画笔工具的属性栏选择适当大小的"柔角"画笔，并将它的不透明度降低到 35% 左右，然后对取样点附近杂色进行涂抹，直到杂色和附近正常颜色接近为止。

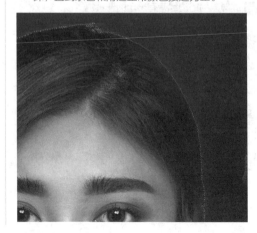

14 多次取样，多次涂抹，直到将所有有杂色的地方处理完毕，需要注意的是在处理人像胳膊时，取样点应该在附近正常皮肤处选取，然后按快捷键 Ctrl+D 取消选区。

15 这张素材人像的五官及皮肤都比较完美，只需做些小修饰即可，需要重点调整的地方是肩膀部分，图中左肩高、右肩低。选中"抠出人像"图层，执行【滤镜 > 转换为智能滤镜】命令，将图层转换成智能对象。

16 按快捷键 Shift+Ctrl+ X 打开滤镜命令窗口。

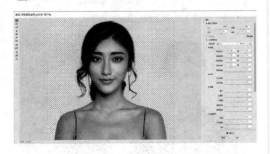

17 直接在"人脸识别液化"属性下智能调整即可，设置"眼睛大小"为17，"鼻子高度"为8，"鼻子宽度"为 -42。然后调整"微笑"为3，"下嘴唇"为4，"嘴唇宽度"为 -28。设置"下巴高度"为26，"下颌"为 -4，"脸部宽度"为 -11。调整完之后对图像还不满意，可以在预览窗口做进一步修饰，接着选择【向前变形工具】调整左边的肩膀，使其与右边肩膀齐平。

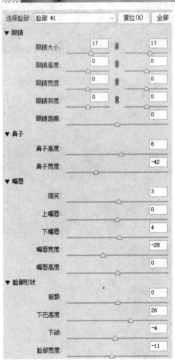

18 调整完毕后，单击"确定"按钮。

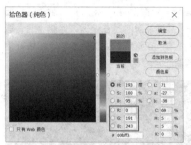

20 按照实际需要对照片进行裁剪。

19 用鼠标双击图层面板中"颜色填充 1"图层的缩略图，调出拾色器，然后选择需要的背景，如蓝色（R=0、G=191、B=243），单击"确定"按钮。

提示

证件照的背景色分为白色、红色和蓝色。

白色：R=255、G=225、B=225

红色：R=255、G=0、B=0

蓝色：R=0、G=191、B=243或R=50、G=190、B=255

小练习

根据上述方法，将"练习\10-1 手机照变成证件照\2- 证件照练习"素材处理成证件照。

10.2　一寸照片的处理

▶ 扫码轻松学

这个案例是将一张普通证件照处理成一寸证件照，过程主要用到了裁剪工具和定义图案等命令。

思路：

（1）一张普通证件照。

（2）人像五官及皮肤修饰。（可省略）

（3）利用裁剪工具进行初步的参数设置。

（4）将裁剪好的图像定义一个图案。

（5）排版。

01 启动 Photoshop 软件，打开"练习\10-2 一寸照片的处理\1- 一寸照处理"证件照素材，得到证件照素材的背景图层。

02 按快捷键 Ctrl+J 复制一层图层，得到新图层，将其重命名为"一寸"。

03 选择【裁剪工具】，设置"宽度"为 2.5 厘米，"高度"为 3.5 厘米，"分辨率"为 300 像素。

04 制作证件照的白边。执行【图像 > 画布大小】命令，设置"宽度"为 0.4 厘米，"高度"为 0.4 厘米，并勾选"相对"复选框，"画布扩展颜色"为白色。

05 执行【编辑 > 定义图像】命令，将已经裁剪好的照片定义为图案，命名为"证件照"并单击"确定"按钮，然后关闭。

201

06 新建一个画布，设置"宽度"为 11.6 厘米，"高度"为 7.8 厘米，"分辨率"为 300 像素 / 英寸，"背景内容"为白色。

07 按快捷键 Shift+F5 对画布进行填充，"内容"选择图案，单击自定图案右侧的展开按钮，选择刚保存好的证件照图案。

08 填充完成后，得到如下效果。很多时候，软件自动填充的图案并不是我们想要的，如现在得到的照片就显得过大，这时就需要修改图案属性。

09 在图层面板，单击"背景"图层后的小锁，将其更改为普通图层，此时"背景"图层自动变为"图层 0"图层。

10 执行【图层 > 图层样式 > 图案叠加】命令，调出图层样式下的"图案叠加"详细菜单命令。

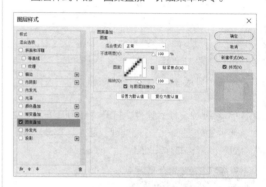

11 在菜单命令中选择自定义的图案。图案下面有一个滑动条，它控制着叠加图案的大小比例，一般将三角块移动到 39% 即可。

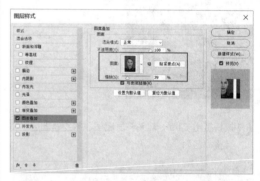

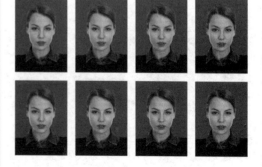

10.3　证件照换底色

扫码轻松学

很多地方都要用到证件照，如报考公务员或者研究生、投递简历、办理各种护照、通行证、驾照等，有的需要蓝底色，有的需要红底色、白底色，这个案例讲解如何为普通证件照更换底色。

思路同前一个案例。

01 启动 Photoshop 软件，打开证件照素材，得到证件照素材的"背景"图层。

02 抠出人像，可以用选择并遮住抠图，也可以用通道抠图，抠出人像后，去除头发边缘杂色。

03 对人像进行基本液化修饰。

04 在"人像"图层下添加一个纯色调整图层。

05 用鼠标双击图层面板中"颜色填充 1"图层的缩览图，调出拾色器，然后选择需要的背景。

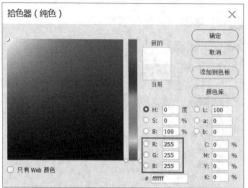

06 证件照的底色换好以后，直接裁剪使用或者排版打印。

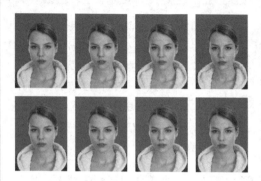

10.4　给证件照换上正装

扫码轻松学

证件照有时需要穿正装来拍，如果没有符合要求的照片，其实可以利用 Photoshop 为照片换一个正装上去，案例过程主要用到了裁剪工具和定义图案等命令。

思路：

（1）一张普通证件照。

（2）载入正装素材。

（3）利用变形命令调整正装素材。

（4）结合蒙版修饰人像与素材之间的瑕疵。

（5）排版。

01 按快捷键 Ctrl+O 打开"练习 \10-4 给证件照换上正装 \1- 换装练习"素材，得到证件照素材的"背景"图层。

04 按快捷键 Ctrl+T 调整正装图层的大小及位置。

02 打开"练习\10-4 给证件照换上正装\2- 职业装"
素材，然后使用【钢笔工具】抠出正装。

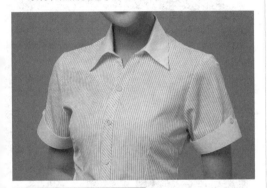

05 大概的效果已经出来了，衣领部分还需要进一步
处理，按快捷键 Ctrl+T，然后在自由变换选框里
单击鼠标右键，调出二级菜单，选择【变形】命令，
微调衣领，接着按 Enter 键完成变形。

06 选中"正装"图层，在图层面板添加一个白色的
图层蒙版。

03 选择【移动工具】，将抠出的正装拖到证件照素
材上，得到"图层 1"图层，将"图层 1"图层重
命名为"正装"。

07 选择【画笔工具】，然后在画笔工具的属性栏选择"硬角"笔头，将前景色切换为黑色，调高画笔的硬度与不透明度，对衣领部分进行涂抹，效果自然即可。

08 对原图进行裁剪。

小练习

根据上述方法，打开"练习\10-4 给证件照换上正装\3- 职业装练习"和"4- 换装人像练习"素材，给证件照换上正装。

10.5　4种去除图像瑕疵的方法

▶ 扫码轻松学

去除图像瑕疵、杂点、污物的方法有很多，掌握内容填充、仿制图章工具、修补工具及选择临近区域遮盖这几种去除图像瑕疵的方法，基本的瑕疵就能解决了。当然，不同的图像，去瑕疵的方法会有所差别，不可一概而论。

这一节中，我们将图像上的文字当成瑕疵，然后围绕如何去掉图像上的文字，展开本节内容。

10.5.1　内容填充法

当需要对某一选区进行填充时，软件会自动分析选区周围图像的特点，然后将图像的颜色或图案进行智能构图，最后合成与背景相似的图像内容进行融合填充。

优点：在结构单一、色彩一致的图像部分可以很好地遮盖瑕疵和起到过渡作用。

有如下一幅素材图像，要求去掉图像中的文字瑕疵。

01 打开"练习\10-5去除图像瑕疵\1-内容填充练习"
素材，得到图像素材的背景图层。

02 选择【矩形选框工具】，框选出瑕疵部分。

03 按快捷键 Shift+F5 打开填充命令窗口。

04 将"内容"设置为内容识别，单击"确定"按钮。

05 按快捷键 Ctrl+D 取消选区。

小练习

根据上述方法，将"练习\10-5去除图像瑕疵\2-
内容填充练习1"图片中的文字瑕疵去掉。

10.5.2　仿制图章工具法

仿制图章工具可以仿制图像上的任何内容，所以也可以替换图像中的瑕疵部分，操作时，只需在图像没有瑕疵的位置按住 Alt 键，单击鼠标左键选取仿制源，然后在瑕疵处单击或者涂抹即可去除瑕疵。

优点： 在图像有交界线、有褶皱、有纹理的部分，可以很好地遮盖瑕疵和起到过渡作用。

01 打开"练习\10-5 去除图像瑕疵\3- 仿制图章练习"素材。

02 选择【仿制图章工具】，然后在属性栏选择"柔角"画笔，调整画笔"大小"为 200 像素，"硬度"为 100%。在图像图所示的位置，按住 Alt 键并单击进行取样。

03 在需要修复的山峰旁单击或者涂抹。

04 在操作过程中，可以根据背景的具体情况多次取样，尤其在天空和山峰的交界处，要注意山峰走向。

根据上述方法，将"练习\10-5 去除图像瑕疵\4-
仿制图章练习1"素材中的文字瑕疵去掉。

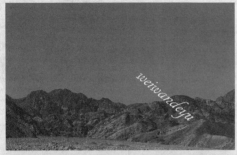

10.5.3 修补工具法

修补工具也可以很方便地去除瑕疵，操作时，在
图像窗口把图像中需要修复的污点部分圈选起来，即
会得到一个选区，然后按住选区拖动到干净的区域，
即可修复图像中的污点。

优点：软件会自动处理与周围环境交界地方的
细节、光影及纹理的过渡。

01 打开"练习\10-5去除图像瑕疵\5-修补工具练习"
素材。

02 选择【修补工具】，在图像中图所示的位置，将
瑕疵圈选起来，得到一个选区。

03 将选区拖动到左上方干净的上衣区域，尽量选取
光影结构一致的区域，瑕疵部分就被去掉了。然
后在选区之外任何地方单击即可去掉选区。

04 用同样的方法处理裙子上的瑕疵。

根据上述方法，将"练习 \10-5 去除图像瑕疵 \6-修补工具练习 1"素材中的文字瑕疵去掉。

10.5.4 临近区域遮盖法

有些瑕疵位于人像面部或者发丝这样有细节的部位，而以上几种方法处理效果都不是很理想，此时就可以通过复制瑕疵附近正常区域遮盖，再配合蒙版处理边缘来去除瑕疵。

优点： 几乎所有的瑕疵都可以用这个方法来去除，操作时先选取与瑕疵接近的一块区域，然后用

它覆盖在瑕疵部位上，添加蒙版后，用低硬度、低不透明度的柔边画笔过渡边缘即可。

01 在 Photoshop 软件中打开"练习 \10-5 去除图像瑕疵 \7- 临近区域遮盖"素材，得到图像素材的背景图层。

02 选择【修补工具】，将头发之外的部分瑕疵，先修掉。

03 选择【钢笔工具】，选取与剩余瑕疵接近的一片头发区域。

04 按快捷键 Enter+Ctrl 将路径转化为选区，在钢笔工具属性栏单击"建立选区"也可以将路径转化为选区。

05 复制一层选区内容，得到一个复制图层，然后将复制图层覆盖在瑕疵部位上。

06 按快捷键 Ctrl+T 调整复制图层的大小及位置。

07 单击图层面板最下面的第 3 个快捷按钮"添加蒙版"，为复制图层添加一个白色的图层蒙版。

08 选择一个柔边画笔，降低硬度和不透明度，切换前景色为黑色，然后擦掉突兀的边缘即可。

小练习

根据上述方法，将"练习 \10-5 去除图像瑕疵 \8-临近区域遮盖练习"素材中的文字瑕疵去掉。

10.6　模糊照片变清晰

扫码轻松学

当图像中不同色彩的边界比较柔和且图像整体对比度较小时，图像将会变得模糊，而要让模糊的图像变清晰，主要通过聚焦图像的模糊边缘，来提升图像整体的清晰度。

有如下一幅比较模糊的素材图像，要求将它变清晰。

01 打开"练习 \10-5 去除图像瑕疵 \9- 模糊照片处理"素材，得到"背景"图层。

02 复制一层图层，并将得到的复制图像重命名为"清晰"。

03 执行【滤镜 > 转换为智能滤镜】命令将清晰图层转换成智能对象。

04 执行【滤镜 > 其他 > 高反差保留】命令，打开高反差保留命令窗口。设置"半径"为 3 像素，然后单击"确定"按钮。

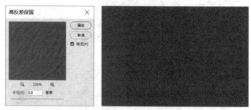

提示

对于半径的选择，不宜过大，过大的话会出现很多噪点，一般情况下调整半径数值到图像中主要的线条出现即可。

05 在图层面板里将"清晰"图层的"混合模式"改为"叠加"。

06 这个时候其实已经有一些效果了，但是不够明显，因而再复制一层清晰图层，刚才的效果会再叠加一次。

07 如果效果还不够明显，可以多操作几次。

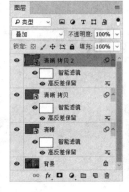

08 按快捷键 Ctrl+Shift+Alt+E 盖印一层，刚才模糊的照片就清晰了。

小练习

根据上述方法，打开"练习\10-5 去除图像瑕疵\10- 模糊照片处理练习"素材进行练习。

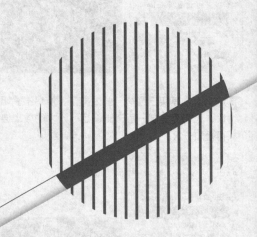

第 11 章

影楼人像修图与调色

11

11.1 修图的一般流程

在拍摄图像时，很难一次性就拍到位，常常会在拍摄器材，主题，构图，白平衡，高光和阴影，清晰度，以及饱和度和层次等这几个方面存在一些问题。

在修图时，首先整体修饰，然后局部修饰，最后精确修饰。

整体修饰：一般在 Camera Raw 滤镜中进行。

（1）校正器材的镜头。

（2）如果构图不正确，可以进行二次构图。

（3）调准图像的白平衡，确保图像准确的色彩。

（4）调整白色和黑色，高光和阴影，以及对比度等基本参数，确保图像的丰富层次。

（5）如果图像色彩有偏差，适当调整图像的 HSL。

（6）最后可以继续进行一些必要的润泽和修饰。

局部修饰：对于图像的局部，用 Camera Raw 滤镜常用工具中的调整画笔、径向滤镜及渐变滤镜进行修饰。

精修：大概调完之后，就可以利用图像菜单下的调整命令（色阶、曲线、可选颜色等菜单命令）对图像进一步进行精确修饰。

当然，这是针对大部分图像进行的操作，而对于人像，还可以继续进行修饰，如液化、磨皮、美白和修瑕疵等。注意，并不是每张图都要必须按照以上步骤修图，而是要针对图像本身的问题进行相应的修饰。

在人像修饰中，液化主要在人像面部和形体两个方面进行，有关液化滤镜的知识，在之前的章节中已经详细介绍过了，在此不再赘述。

脸型液化

形体液化

11.2　3种磨皮的方法

扫码轻松学

11.2.1　表面模糊磨皮法

表面模糊磨皮法是一种操作简单、速度较快的磨皮方法，缺点是完成后会丢失部分皮肤细节。

思路：

（1）用修补工具处理人像面部较大的瑕疵。

（2）用表面模糊滤镜将人像面部磨平。

（3）用图层蒙版遮盖面部以外需要保留清晰度的地方。

（4）将修补后的图像复制一层置于最上层，修改图层的混合模式，恢复一部分皮肤细节。

（5）最后进行整体修饰。

01 打开"练习\11-2磨皮\1-表面模糊"素材，得到人像素材的"背景"图层。

02 复制一层图层，得到新图层，将新图层重命名为"修瑕疵"。

03 选择【修补工具】，对人物面部比较大的皱纹、色斑和痘痘进行处理。

04 将修完瑕疵的图层复制一层，并重命名为"细节"。

05 将"细节"图层复制一层，并重命名为"表面模糊"。

06 选中"表面模糊"图层，执行【滤镜＞转换为智能滤镜】命令，将"表面模糊"图层转换成智能对象。

07 执行【滤镜 > 模糊 > 表面模糊】命令，打开表面模糊窗口，设置"半径"为 24 像素，"阈值"为 19 色阶。

08 单击"确定"按钮后，人像皮肤变得非常平滑，但是丢失了细节质感。

09 执行【图层 > 图层蒙版 > 显示全部】命令，可以为"表面模糊"图层添加一个白色的图层蒙版。单击图层面板最下面的第 3 个快捷按钮"添加蒙版"，也可以为当前图层添加白色的图层蒙版。

10 选择【画笔工具】，在属性栏设置"形状"为柔角，"颜色"为黑色，"硬度"为 0%，"不透明度"为 30%。调整好画笔大小，涂抹除皮肤之外的五官、头发及背景区域，涂抹过程中要灵活调整画笔的大小及不透明度。

11 按住 Alt 键，单击图层蒙版缩览图就可以看到实际在蒙版上涂抹的效果，再次单击返回图像窗口。

12 选中"细节"图层，直接拖动到"表面模糊"图层之上。

13 将"细节"图层的"混合模式"改为变亮。

14 "不透明度"修改为 45%，可以看到人物皮肤已经恢复了部分细节。

15 按快捷键 Ctrl+Shift+Alt+E 盖印一层图层，并重命名为"盖印"。

16 单击图层面板最下面的第 4 个快捷按钮"创建新的填充或调整图层"，添加一个色阶调整图层。

17 将左边的三角滑块拖到 8，中间的拖到 1.12，右边的拖到 239。

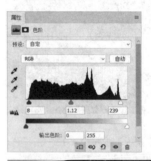

18 单击图层面板最下面的第 4 个快捷按钮"创建新的填充或调整图层"，添加一个曲线调整图层。

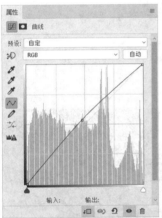

19 把曲线拉成上升的形状，稍微提亮一下图像整体的亮度。

11.2.2　计算磨皮法

　　计算磨皮法对皮肤斑点、噪点或者痘痕处理速度非常快，后期通过调节曲线，皮肤也会很通透，缺点是细节保留比较少，在质感方面有所欠缺。

思路：

　　（1）用修补工具处理人像面部较大的瑕疵。

　　（2）复制黑白对比度较大的颜色通道。

　　（3）保留复制通道的高反差，而后计算强光，加强暗斑对比度。

　　（4）调出暗斑选区，提拉曲线。

　　（5）稍微增加一点清晰度。

　　（6）整体修饰。

01 打开"练习\11-2 磨皮\3-计算磨皮"素材。

02 复制一层图层,将图层重命名为"修瑕疵"。

03 选择【修补工具】,对人物面部比较大的皱纹、色斑和痘痘进行处理。

04 选择【移动工具】,然后选择通道面板,并查看红、绿、蓝 3 个通道中黑白对比度较大的通道,本图像蓝色通道对比度较大。

05 拖动蓝色通道到通道面板最下面的第 3 个快捷按钮"新建通道"按钮上,新建一个蓝色通道。

06 选中新建的蓝色通道,执行【滤镜 > 其他 > 高反差保留】命令,设置"半径"为 8 像素,然后单击"确定"按钮。

07 执行【图像 > 计算】命令,设置"混合"为强光,然后单击"确定"按钮得到 Alpha 1 通道。

08 对 Alpha 1 通道继续进行一次相同的计算，即继续执行【图像＞计算】命令，设置"混合"为强光，然后得到 Alpha 2 通道。

10 按住 Ctrl 键，然后在通道面板单击 Alpha 3 通道的缩览图载入选区。

09 继续进行一次同样的计算，进一步加强图像对比度。根据具体情况决定计算次数，一般进行 3 次。

11 按快捷键 Ctrl+Shift+I 反选该选区，得到人物皮肤噪点、暗斑及瑕疵的选区。

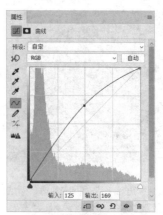

12 恢复原来 RGB 通道的可见性。

13 回到图层面板，单击图层面板最下面的第 4 个快捷按钮"创建新的填充或调整图层"，添加一个曲线调整图层。

14 在曲线命令窗口中，调整曲线，提高图像整体的亮度。

15 执行【图层>向下合并】命令，合并"曲线1"和"修瑕疵"图层，得到新的"修瑕疵"图层。

16 执行【图层>图层蒙版>显示全部】命令，为"修瑕疵"图层添加一个白色的图层蒙版。

17 选择【画笔工具】，在属性栏设置画笔"形状"为柔角，"颜色"为黑色，"硬度"为 0%，"不

透明度"为 30%，调整好画笔大小，在图像窗口涂抹皮肤之外的五官、头发及背景区域，涂抹过程中灵活调整画笔的大小及不透明度。

18 按住 Alt 键，单击图层蒙版缩览图即可看到实际在蒙版上涂抹的效果，再次单击返回图像窗口。

19 按快捷键 Ctrl+Shift+Alt+E 盖印一层，将图层重命名为"盖印"。

20 将"盖印"图层复制一层，并命名为"清晰"。

21 选中"清晰"图层，执行【滤镜 > 转换为智能滤镜】命令，将图层转换成智能对象。

22 执行【滤镜 > 其他 > 高反差保留】命令，设置"半径"为 4 像素。

23 将"清晰"图层的"混合模式"改为叠加，提高图像的清晰度。

小练习

使用相同的方法，对"练习 \11-2 磨皮 \4- 计算磨皮练习"素材进行练习。

24 按快捷键 Ctrl+Shift+Alt+E 盖印一层，并命名为"盖印 2"。

11.2.3　混合模式磨皮法

混合模式磨皮法其实是图层之间混合模式的应用，对比前面两种方法，此方法保留了细节和质感，而且处理时间也较快。

思路：

（1）用修补工具处理人像面部较大的瑕疵。

（2）反相图层，并修改图层的混合模式。

（3）执行高反差保留及模糊命令。

（4）用图层蒙版遮盖面部以外需要保留清晰度的地方。

（5）整体修饰。

25 选择【仿制图章工具】，对人像还有瑕疵的地方再做一些修饰，如下颌部分。

01 打开"练习 \11-2 磨皮 \5- 混合模式磨皮"人像
素材，得到人像素材的"背景"图层。

02 复制一层图层，重命名为"修瑕疵"。

03 选择【修补工具】，对人物面部比较大的皱纹、
色斑和痘痘进行处理。

04 将修完瑕疵的图层复制一层，重命名为"滤镜"。

05 执行【滤镜 > 转换为智能滤镜】命令，将"滤镜"
图层转换成智能对象。

06 按快捷键 Ctrl+I 反相"滤镜"图层。

07 将"滤镜"图层"混合模式"改为线性光。

08 执行【滤镜 > 其他 > 高反差保留】命令，设置"半径"为 8 像素。

10 单击图层面板最下面的第 3 个快捷按钮"添加蒙版"，为当前图层添加白色的图层蒙版。

11 选择【画笔工具】，设置"形状"为柔角，"颜色"为黑色，"硬度"为 0%，"不透明度"为 30%。涂抹除脸部皮肤之外的五官、头发及背景区域。

09 执行【滤镜 > 模糊 > 高斯模糊】命令，设置"半径"为 4 像素。人像皮肤质感已经出来了，但是五官及背景不再清晰。

12 实际在蒙版上涂抹的效果。

13 按快捷键 Ctrl+Shift+Alt+E 盖印一层图层，重命名为"盖印"。

14 复制一层，重命名为"清晰"。

15 执行【滤镜 > 转换为智能滤镜】命令，将图层转换成智能对象。

16 执行【滤镜 > 其他 > 高反差保留】命令，设置"半径"为 2.5 像素。

17 将"混合模式"改为叠加，提高图像的清晰度。

18 盖印一层图层，重命名为"盖印 2"。

19 单击图层面板最下面的第 4 个快捷按钮"创建新的填充或调整图层"，添加色阶调整图层。左边的滑块拖到 9，中间拖到 1.06，右边的滑块拖到 248。

227

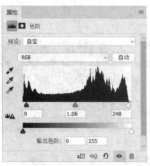

小练习

使用相同的方法，对"练习 \11-2 磨皮 \6- 混合模式磨皮练习"素材进行练习。

11.3　眼睛的处理

扫码轻松学

眼睛主要由瞳孔、虹膜、眼白、睫毛及眼皮等几部分构成。瞳孔是虹膜中心的黑色小圆孔。虹膜是位于瞳孔周围的环状薄膜。眼白（巩膜）是位于虹膜周围呈乳白色的黏膜。长期加班、经常熬夜就会导致有黑眼圈或者眼袋。

11.3.1　眼神光

瞳孔和虹膜上的眼神光是眼睛的灵魂，它让整幅图像显得有活力。

1. 眼神光不亮，就需要提亮

有如下一幅图像素材，眼神光比较暗淡，要求提亮眼神光。

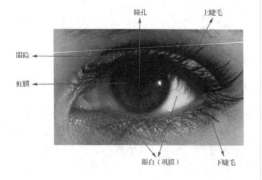

01 打开"练习\11-3 眼睛处理\1- 提亮眼神"人像素材。

02 复制一层图层，得到"图层1"图层。

03 单击图层面板最下面的第 4 个快捷按钮"创建新的填充或调整图层"，添加曲线调整图层。拉出向上弯曲的提亮曲线，提高图像整体的亮度。

04 选择曲线调整图层自带的白色蒙版，按快捷键Ctrl+I 进行反相，将曲线图层的白色图层蒙版调整为黑色的图层蒙版，暂时隐藏提亮效果。

05 选择【画笔工具】，设置画笔"形状"为柔角，"颜色"为白色，"硬度"为 0%，"不透明度"为 75%，涂抹眼神光区域。

06 实际在蒙版上涂抹的效果。

小练习

使用相同的方法，对"练习 \11-3 眼睛处理 \2- 提亮眼神练习"素材进行练习。

01 打开"练习 \11-3 眼睛处理 \3- 补充眼神光"素材。

02 按快捷键 Ctrl+J 复制一层，得到"图层 1"图层。

2. 缺失眼神光，就添加它

有如下一幅素材图像，没有眼神光，要求创建眼神光。

03 按快捷键 Ctrl+Shift+N 新建一个空白图层，得到"图层 2"图层，重命名为"右"。

04 选择【多边形工具】，设置"类型"为路径，"边"为 6。在图像窗口右眼中，绘制一个比瞳孔稍小的六边形路径。

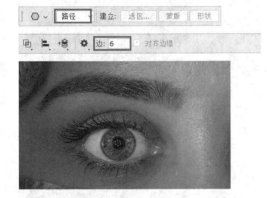

05 按快捷键 Enter+Ctrl 将路径转化为选区。

06 按快捷键 Shift+F6 羽化选区，输入"羽化半径"为 2 像素。

07 按快捷键 Shift+F5 填充选区，"内容"选择为白色。

08 按快捷键 Ctrl+D 取消选区。

09 选择【移动工具】，将创建的眼神光移动到图所示的位置。

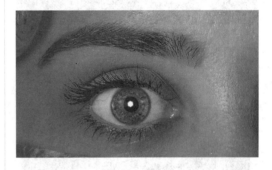

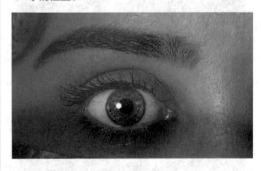

10 复制一层图层，重命名为"左"。

11 选择【移动工具】，将复制的眼神光"左"图层移动到左眼适当位置。

使用相同的方法，对"练习\11-3 眼睛处理\4- 补充眼神光练习"素材进行练习。

11.3.2　眼白

眼白看起来是灰白色的就需要提亮。

有如下一幅素材图像，眼白比较暗淡，要求提亮眼白。

01 打开"练习\11-3 眼睛处理\5- 眼白提亮"眼睛素材。

02 复制一层，得到"图层 1"图层。

03 单击图层面板最下面的第 4 个快捷按钮"创建新的填充或调整图层"，添加曲线调整图层。

 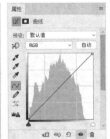

04 拉出向上弯曲的提亮曲线，提高图像整体的亮度。

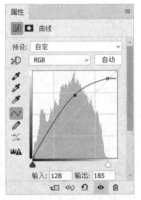

05 选择曲线调整图层自带的白色蒙版，按快捷键 Ctrl+I 进行反相，将曲线图层的白色图层蒙版调整为黑色的图层蒙版，暂时隐藏提亮效果。

06 选择【画笔工具】，设置画笔"形状"为柔角，"颜色"为白色，"硬度"为 0%，"不透明度"为 75%，涂抹眼白区域。

07 实际在蒙版上涂抹的效果。

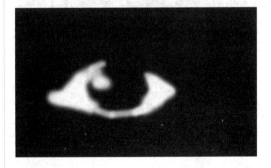

小练习

使用相同的方法，对"练习 \11-3 眼睛处理 \6- 眼白提亮练习"素材进行练习。

11.3.3 睫毛

有如下一幅素材图像，要求给左眼添加睫毛。

01 打开"练习\11-3 眼睛处理\7- 添加睫毛"素材。

02 复制一层，得到"图层 1"图层。

03 按快捷键 Ctrl+Shift+N 新建一个空白图层，重命名为"左下"。选择【画笔工具】，然后在画笔工具的属性栏载入"练习\11-3 眼睛处理\睫毛笔刷"笔刷。

04 选择【画笔工具】，从载入的睫毛画笔中选择183 画笔。

05 调整好画笔大小，在图像窗口人物眼睛的区域单击，为眼睛添加睫毛。

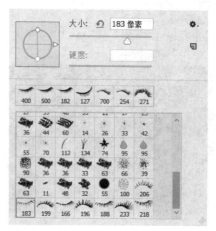

06 按快捷键 Ctrl+T 调整睫毛的大小及位置。

07 在自由变换选框里单击鼠标右键，选择【变形】命令。

08 对图层进行微调，按 Enter 键。

09 将左下图层的"不透明度"改为 80%。

10 睫毛看起来还是有点稀疏，复制一层图层，得到左下拷贝图层，然后调整图层的大小及位置。

11 新建一个空白图层，重命名为"左上"。

12 同样的思路，添加上眼皮的睫毛。

小练习

使用相同的素材为人像右眼添加睫毛。

11.3.4　皱纹

有如下一幅素材图像，眼睛下面和眼角都有一些皱纹，要求消除这些皱纹。

01 打开"练习\11-3 眼睛处理\8- 消除皱纹"素材。

02 按快捷键 Ctrl+J 复制一层，得到"图层 1"图层。

03 选择【修补工具】，在有皱纹的位置将皱纹圈选起来，得到一个选区。

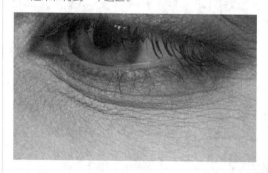

04 按住选区拖动到下方的皮肤区域，皱纹区域即被修复。

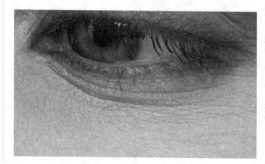

05 选择另一条皱纹进行同样的处理。

06 一直重复，直到所有皱纹被替换干净为止。

小练习

使用相同的方法，对"练习\11-3 眼睛处理\9- 消除皱纹练习"素材进行练习。

11.4　牙齿美白

▶ 扫码轻松学

有如下一幅素材图像，要求美白牙齿。

01 打开"练习\11-4 牙齿美白\1- 美白牙齿"素材。

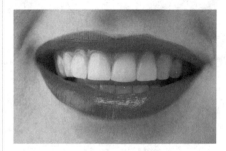

02 复制一层图层，得到"图层 1"图层。

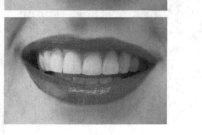

03 单击图层面板最下面的第 4 个快捷按钮"创建新的填充或调整图层",添加一个可选颜色调整图层。先选择"黄色",设置"青色"为 11%,"洋红"为 11%,"黄色"为 -100%。

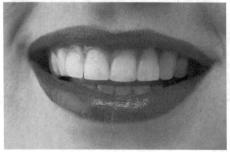

04 选择"白色",设置"青色"为 35%,"洋红"为 35%,"黄色"为 -100%。

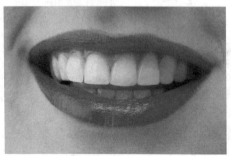

05 选择可选颜色调整图层自带的白色蒙版,按快捷键 Ctrl+I 反色,将白色图层蒙版调整为黑色的图层蒙版,暂时隐藏美白效果。

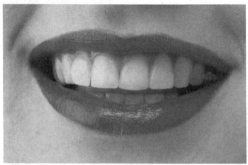

06 选择【画笔工具】,设置"形状"为柔角,"颜色"为白色,"硬度"为 0%,"不透明度"为 75%,然后涂抹牙齿区域。

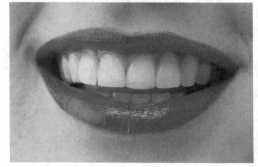

07 实际在蒙版上涂抹的效果。

小练习

使用相同的方法，打开"练习 \11-4 牙齿美白 \2-美白牙齿练习"素材进行练习。

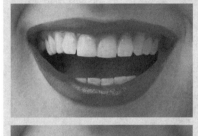

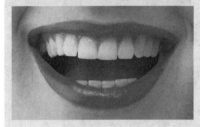

11.5　皮肤美白

▶ 扫码轻松学

有如下一幅素材图像，要求美白皮肤。

01 打开"练习 \11-5 皮肤美白 \1- 人像皮肤美白"素材。

02 复制一层图层，得到"图层 1"图层。

03 选择通道面板，按住 Ctrl 键，单击 RGB 通道的缩览图，调出图像素材的高光选区。

04 按快捷键 Ctrl+Shift +I 反选选区，得到图像的中间调和暗部选区。

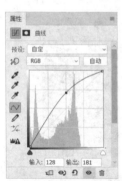

05 选择图层面板，然后单击图层面板最下面的第 4 个快捷按钮"创建新的填充或调整图层"，添加曲线调整图层。拉成向上弯曲的提亮曲线，提高图像整体的亮度。

06 单击图层面板最下面的第 4 个快捷按钮"创建新的填充或调整图层"，添加可选颜色调整图层。为了让皮肤显得红润，先选择"红色"，设置"青

色"为 -52%，"洋红"为 +16%，"黄色"为 +12%，"黑色"为 -11%。

07 再选择"黄色"，设置"青色"为 -17%，"黑色"为 -18%。

08 单击图层面板最下面的第 4 个快捷按钮"创建新的填充或调整图层"，添加曲线调整图层，拉成向上弯曲的提亮曲线，提高图像整体的亮度。

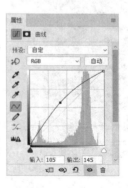

09 添加色阶调整图层，将最右边的三角滑块拖到
244。

使用相同的方法，对"练习\11-5皮肤美白\2-人
像皮肤美白练习"素材进行练习。

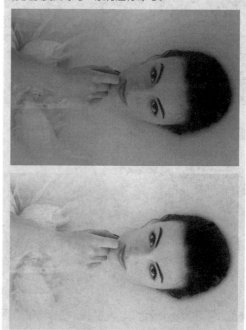

11.6　改变头发颜色

扫码轻松学

有如下一幅素材图像，要求
给头发换一个颜色。

01 打开"练习 \11-6 改变头发颜色 \1- 发色替换"素材。

04 选择【橡皮擦工具】，擦除人像面部，只留下头发区域。

02 复制一层图层，得到"图层 1"图层。

05 显示被隐藏的"图层 1"图层。

03 利用通道抠图法抠出人像头发得到"图层 2"图层，将"图层 2"图层重命名为"头发"，隐藏"背景"图层和"图层 1"图层。

06 单击图层面板最下面的第 4 个快捷按钮"创建新的填充或调整图层"，添加色彩平衡调整图层。先选择"高光"调整面板，设置"洋红 - 绿色"

为 -40，"黄色 - 蓝色"为 +34。然后选择"中间调"调整面板，设置"洋红 - 绿色"为 -68，"黄色 - 蓝色"为 +66。接着选择"阴影"调整面板，设置"洋红 - 绿色"为 -21，"黄色 - 蓝色"为 +3。

07 选择色彩平衡调整图层自带的白色蒙版。

08 选择【画笔工具】，设置画笔"形状"为柔角，"颜色"为黑色，"硬度"为 0%，"不透明度"为 75%。涂抹人物脸部被染色区域，使头发和皮肤的交界更好地融合，涂抹过程灵活调整画笔的大小。

09 实际在蒙版上涂抹的效果。

10 将色彩平衡调整图层的"混合模式"改为颜色即可。

243

第 12 章

图像后期调色

12

12.1 调色概括

因为每个人对色彩都有不同的感受和喜好，所以调色是带有强烈的个人审美和感受的一个过程，具体来讲，调色是指将图像特定的色调加以改变，形成另一种不同感觉的色调。

在调色过程中使用的主要命令包含曲线、色阶、替换颜色、可选颜色、色相/饱和度、色彩平衡、颜色查找和匹配颜色等。

在学习调色的过程中，前期主要学好色彩基本理论（色彩模式、加减色和互补色），后期再配合一些经典案例加以练习。

调色的命令主要集中在图像菜单下的调整菜单中，或者在图层面板最下端快捷按钮"创建新的填充或调整图层"中。二者的区别是，前者直接对原图操作，后者是添加一个新的调整图层来影响原图，因为后者对原图没有损害，而且更方便修改，所以一般情况都选择后者来对图像进行调整。

12.2 色阶

扫码轻松学

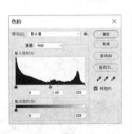

有如下一幅图像素材，要求消除图像中的灰色，恢复图像的明亮度。

01 打开"练习\12-2 色阶\1- 色阶调整"素材。

02 单击图层面板最下面的第 4 个快捷按钮"创建新的填充或调整图层"，添加色阶调整图层。将左边滑块拖到 23，中间滑块拖到 0.95，右边滑块拖到 212。至此，图像窗口中的图像已恢复正确的明亮度。

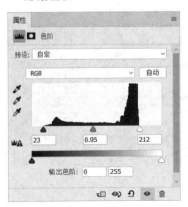

12.3　色相/饱和度

▶ 扫码轻松学

在色相 / 饱和度命令窗口中选择全图时，色彩调整会针对整个图像的色彩。打开下拉菜单后，选取某种颜色，调整将只针对图像中的这种颜色。饱和度越高颜色越浓，饱和度越低颜色越淡。明度越高颜色越亮，明度越低颜色越暗。着色会消除图像中的黑白或彩色元素，从而将图像转变为单色调。

有如下一幅素材图像，要求用色相 / 饱和度将偏黄的草地调绿，将偏青的天空调蓝。

01 打开"练习\12-3 色相饱和度\1- 色相调整"素材。

02 单击图层面板最下面的第 4 个快捷按钮"创建新的填充或调整图层",添加一个色相/饱和度调整图层。先选择"绿色",调整"色相"为 +33,"饱和度"为 -5,然后选择"添加到取样吸管工具",单击图中草地,此时草地部分恢复成绿色。

04 选择"青色",调整"色相"为 +11,"饱和度"为 -2,进一步减少图像天空的青色。

03 选择"蓝色",调整"色相"为 +21,"饱和度"为 -9,此时图像天空部分恢复成蓝色。

12.4　可选颜色

扫码轻松学

可选颜色命令可以有选择地修改某种颜色中的颜色数量，并且修改过程不会影响其他主要颜色，最大的特点在于可以单独调整每种颜色而不影响其他颜色。

在可选颜色的命令窗口中，选择任意一种颜色，这种颜色都对应有青色、洋红、黄色、黑色 4 个可以调整的选项，同样的设置下，选择最下面的相对选项，效果会柔和一些，选择绝对选项，效果会强烈一些。

有如下一幅素材图像，要求恢复天空的正常蓝色。

01 打开"练习 \12-4 可选颜色 \1- 天空调整"素材。

02 单击图层面板最下面的第 4 个快捷按钮"创建新的填充或调整图层"，添加可选颜色调整图层。因为想恢复天空的蓝色，而这个素材中天空的颜色主要是暗蓝色和青色，所以先选择可选颜色里的"蓝色"，调整"青色"为 78%，"洋红"为 +81%，"黄色"为 -77%。

03 选择"青色"，调整"青色"为 -13%，"洋红"为 +11%，"黄色"为 -82%。

使用相同的方法，打开"练习\12-4 可选颜色 \2-天空调整练习"素材调整天空的颜色。

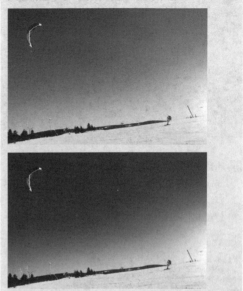

12.5 替换颜色

扫码轻松学

替换颜色命令可以将图像中选中的颜色替换成其他颜色，在替换过程中还可以对选中颜色的色相、饱和度、亮度进行相应调整。

有如下一幅素材图像，要求将素材中黄色的树和落叶调整为红色。

01 打开"练习\12-5 替换颜色\1- 黄树叶替换"素材。

02 执行【图像 > 调整 > 替换颜色】命令,此时鼠标光标自动变成吸管,因为要将素材中黄色的树和落叶调整为红色,所以直接在图像窗口中树和落叶的位置单击,单击后树和落叶大部分地方变为白色。

03 选择"添加到取样工具",在树和落叶没有白色的地方多次单击,直到所有的树和落叶变成白色为止。

04 操作过程中,可以调节"颜色容差"选项,来扩大或缩小颜色的区域。

05 单击"结果"命令,弹出拾色器命令窗口。选取新的替换颜色(R=193、G=19、B=6),单击"确定"按钮。

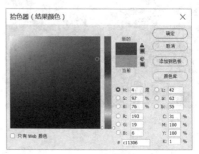

06 根据预览情况,在替换颜色命令窗口中可以再进行一些微调。

12.6 匹配颜色

匹配颜色是使两幅或多幅图像的颜色倾向一个色调，使得图像的色调更统一。

▶ 扫码轻松学

有如下两幅图像素材，要求将偏暖黄色调图像素材的色调与山水图像素材匹配在一起。

01 打开"练习\12-6 匹配颜色\1- 需要修改"和"2- 被替换"两张素材。

02 选择"1- 需要修改"素材，执行【图像 > 调整 > 匹配颜色】命令。单击面板中的"源"命令，并选择"2- 被替换"图片。

03 观察预览，调整"明亮度"为 119，"颜色强度"
为 116，"渐隐"为 7，渐隐数值越大刚才匹配的
色调效果越淡。

12.7　颜色查找

▶ 扫码轻松学

　　颜色查找可以实现高级的色
彩变化，在几秒内就可以创建多
个颜色版本，功能简单，但效果
非常丰富，并且结合蒙版可以精
确地影响局部或者整体。

　　LUT 表示 look up table，在调色过程中对显示
器的色彩进行校正，模拟胶片印刷的效果（相当于
滤镜）。

　　有如下一幅图像素材，要求为它应用各种色调。

01 打开"练习\12-7 颜色查找\1- 热气球"素材。

02 单击图层面板最下面的第 4 个快捷按钮"创建新的填充或调整图层"，添加颜色查找调整图层。在命令窗口中，分别有 3DLUT 文件、摘要及设备链接选项。每个选项都有部分类似预设的调色效果，当然也可以载入相关预设。例如，单击 3D LUT 文件，就会出现很多预设，单击该预设即可看到对应调色效果。

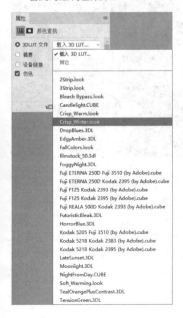

12.8　色彩平衡

扫码轻松学

色彩平衡可以更改图像的整体颜色混合，校正图像色偏、过饱和或饱和度不足等情况，并且可以控制暗部、中间调和高光各个亮度阶调的成分来平衡图像的颜色。

勾选"保持明度"复选框后，图像亮度不会随着颜色的改变而改变。

有如下一幅偏红素材图像，要求恢复图像的准确颜色。

01 打开"练习\12-8 色彩平衡\1- 色彩修正"素材。

02 单击图层面板最下面的第 4 个快捷按钮"创建新的填充或调整图层"，添加色彩平衡调整图层。色调选择"高光"，设置"青色－红色"为 -3。高光部分主要集中在白色的花朵和人像面部的少数地方，而且高光中的颜色基本准确，所以稍稍减去一些红色即可。

03 选择"中间调",调整"青色-红色"为-38,"洋红-绿色"为+10。图像中大部分地方都属于中间调,中间调加青色减品红色,总的效果是减红。

04 选择"阴影",设置"青色-红色"为-4,"洋红-绿色"为+10,"黄色-蓝色"为+6。阴影主要集中在人像头发和背景中的暗影部分,为阴影部

分减红色加绿色、蓝色,总体效果为减红。

小练习

使用相同的方法,打开"练习\12-8色彩平衡\2-色彩修正练习"素材,对图像颜色进行修正。

12.9 曲线——一幅图像，四季随意

扫码轻松学

曲线不仅可以调整图像的亮度和对比度，还可以调整图像的色彩。

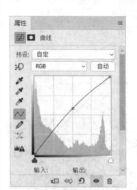

亮曲线提亮图像，暗曲线压暗图像，S 曲线提高图像对比度，反 S 曲线降低图像对比度。

偏红色调：红色通道，曲线向左上角拉。

偏青色调：红色通道，曲线向右下角拉。

偏绿色调：绿色通道，曲线向左上角拉。

偏品红色调：绿色通道，曲线向右下角拉。

偏蓝色调：蓝色通道，曲线向左上角拉。

偏黄色调：蓝色通道，曲线向右下角拉。

有如下一幅夏天的风景图像，要求将它制作成春天、秋天和冬天的效果。图片位置在"练习 \12-9 曲线 \1- 夏天的风景"。

12.9.1 夏季转春季

本例主要通过曲线工具来对图片树木和草地部分进行调色，让图像色彩接近春天嫩绿的色调，然后利用可选颜色进一步加强天空色调，最后利用蒙版对局部进行修饰。

01 打开图片，单击图层面板最下面的第 4 个快捷按钮"创建新的填充或调整图层"，添加曲线调整图层。在 RGB 通道中，拉出一个向上的曲线，提升图像的亮度。

02 因为想调出春天的感觉，整体色调要靠向嫩绿色，所以在红色通道，将曲线向右下角拉，减红增青。

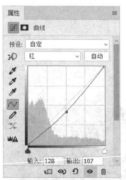

03 在绿色通道，将曲线向左上角拉，增绿减品红。

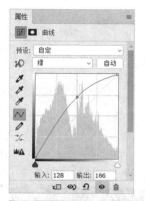

04 在蓝色通道，将曲线向右下角拉，减蓝增黄。

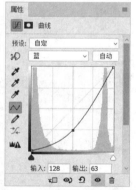

05 至此图像整体色调已经偏向嫩绿，但是天空、湖面和云彩等不需要被改变的地方色调也偏向嫩绿，所以选择柔角黑色画笔，降低画笔的不透明度和硬度。选中曲线调整图层自带的蒙版，在图像窗口仔细涂出不需要调色的地方。

06 因为想要一个比较蓝的天空效果，所以单击图层面板最下面的第 4 个快捷按钮"创建新的填充或调整图层"，添加可选颜色调整图层。在命令窗口，选择"蓝色"，设置"青色"为 +57%，"洋红"为 +70%，"黄色"为 -83%。

07 按快捷键 Ctrl+Shift+Alt+E 盖印一层，得到"图层 1"图层。

08 复制一层背景，重命名为"清晰"。

09 执行【滤镜 > 转换为智能滤镜】命令，将图层转换成智能对象。

10 执行【滤镜 > 其他 > 高反差保留】命令，选择"半径"为 2 像素。

11 将"清晰"图层的"混合模式"改为叠加，增加图像的清晰度。

12.9.2 夏季转秋季

本例主要通过曲线工具来对图片树木和草地部分进行调色，先让图像色彩接近秋天金黄的色调，然后利用可选颜色进一步加强天空色调，最后利用蒙版对局部进行修饰。

01 打开素材。单击图层面板最下面的第 4 个快捷按钮"创建新的填充或调整图层"，添加曲线调整图层。在 RGB 通道中，拉一个向下的曲线，压暗图像的亮度。

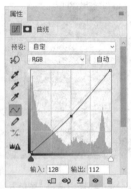

02 整体色调要靠向金黄色，所以在红色通道，将曲线向左上角拉。

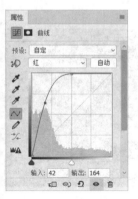

03 在绿色通道，将曲线向左上角拉，增绿减品红。

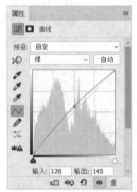

04 在蓝色通道，将曲线向右下角拉，减蓝增黄。

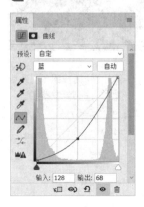

05 至此图像整体色调已经偏向金黄，但是天空、湖面和云彩等不需要被改变的地方色调也偏金黄色，所以选择柔角黑色画笔，降低画笔的不透明度和硬度，选中曲线调整图层自带的蒙版。在图像窗口仔细涂出不需要调色的地方。

07 因为树木和草地还有部分偏绿，所以选择"黄色"，设置"青色"为 −81%，"洋红"为 −10%，"黄色"为 +11%。

06 单击图层面板最下面的第 4 个快捷按钮"创建新的填充或调整图层"，添加可选颜色调整图层。选择"蓝色"，设置"青色"为 +57%，"洋红"为 +70%，"黄色"为 −83%。

08 按快捷键 Ctrl+Shift+Alt+E 盖印一层，得到"图层1"图层。

09 复制一层背景，重命名为"清晰"。

12 将图层"混合模式"改为叠加。

10 执行【滤镜 > 转换为智能滤镜】命令，将图层转换成智能对象。

12.9.3　夏季转冬季

本例先通过黑白和色阶 / 饱和度命令让图像色彩偏冷，然后增加一些雪花作为点缀，最后运用曲线进行完善。

01 打开图片，复制一层背景，得到新图层1，重命名为"去白云"。

11 执行【滤镜 > 其他 > 高反差保留】命令，选择"半径"为2像素。

02 因为是在下雪的时候，所以天空看不到白云，选择【仿制图章工具】，然后选择柔角画笔，调整画笔"大小"为 500 像素，"硬度"为 100%。在没有白云的地方，按住 Alt 键并单击进行取样。

03 在有白云的地方涂抹。

04 在操作过程中，可以根据背景的具体情况多次取样，多次涂抹。

05 单击图层面板最下面的第 4 个快捷按钮"创建新的填充或调整图层"，添加黑白调整图层。设置"红色"为 70，"黄色"为 106，"绿色"为 120，"青色"

为 61，"蓝色"为 96，"洋红"为 80，为图像去色。

06 在图层面板，将黑白调整图层的"混合模式"改为滤色，"不透明度"改为 80%。

07 单击图层面板最下面的第 4 个快捷按钮"创建新的填充或调整图层"，添加色相/饱和度调整图层。调一个偏青的冷色调，然后降低饱和度即可。设置"色相"为 189，"饱和度"为 18。

08 按快捷键 Ctrl+Shift+N 新建一个空白图层，重命名为"雪花"。

09 按快捷键 Shift+F5，将"雪花"图层填充为50%的灰。

10 选中"雪花"图层，执行【滤镜>转换为智能滤镜】命令，将"雪花"图层转换成智能对象。

11 执行【滤镜>杂色>添加杂色】命令，设置"数量"为 200.77%。

263

12 执行【滤镜 > 模糊 > 动感模糊】命令，选择"角度"为 54 度，"距离"为 15 像素。

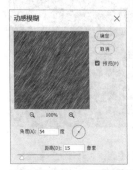

13 执行【图层 > 图层样式 > 混合选项】命令，然后在混合选项下的混合颜色带中，按住 Alt 键，拖动本图层下的黑色滑块，调整到刚好出现雪花，单击"确定"按钮。

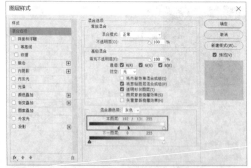

14 将图层"混合模式"改为叠加。

15 因为效果不明显，所以连续复制几层雪花图层，增加雪花的密度。

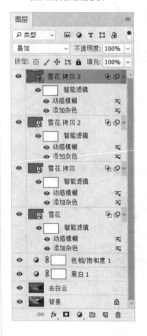

16 按快捷键 Ctrl+Shift+Alt+E 盖印一层，得到"图层1"图层。

17 单击图层面板最下面的第 4 个快捷按钮"创建新的填充或调整图层"，添加曲线调整图层。拉一个 S 曲线，加深图像的对比度。

12.10 综合调色案例

▶ 扫码轻松学

12.10.1 风光照调色

调色包括两个方面，一方面是需要校准图像的色调（发灰、偏色、过曝、过暗），另一方面是利

用一系列调色命令和个人审美，改变图像色调，最终显示另一种色调。

> **提示**
>
> 多次对同一幅图像调色，每次调色的结果也不会完全相同，这是一个很灵活的过程，所以主要学习思路，切勿硬套参数。

有如下一幅素材图像，校准它的色调之后，给它调一个自己喜欢的色调。

01 打开"练习\12-10综合调色案例\1-风光照"素材。

02 观察图像，因为对比度不足所以图像整体发灰，因此单击图层面板最下面的第 4 个快捷按钮"创建新的填充或调整图层"，添加色阶调整图层。将左滑块拖到 41，右滑块拖到 233，此时图像已经明亮了不少。

03 这个图像主要通过曲线命令来调整，单击图层面板最下面的第 4 个快捷按钮"创建新的填充或调整图层"，添加曲线调整图层。向右下角拖动曲线，拉出一个暗曲线，压暗图像。

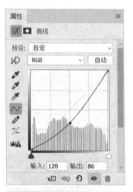

04 选择红色通道，将曲线向右下拉，减红增青。

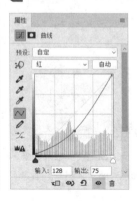

05 选择绿色通道，将曲线向右下角拉，减绿增品红。减红减绿其实在增蓝，所以此时图像整体偏蓝，当然因为增了品红，所以云彩部分偏红。

07 回到 RGB 通道可以看到红、绿、蓝及 RGB 通道各自的操作曲线。

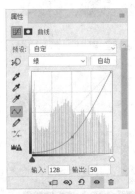

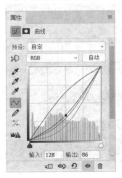

08 因为想让图像里高光部分的云彩偏紫一些，所以单击图层面板最下面的第 4 个快捷按钮"创建新的填充或调整图层"，添加色彩平衡调整图层。选择"高光"色调，然后调整"洋红 – 绿色"为 –12，在高光色调里增加一些品红色，让云彩偏紫。

06 选择蓝色通道，然后将曲线向左上角拉，减黄增蓝。此时图像整体更偏蓝，云彩部分偏品红。

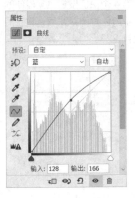

09 添加照片滤镜调整图层。设置"浓度"为50%，在图像原有基础上加一个加温滤镜，此时图像展现出了一种偏紫的色调。

发散思路，打开"练习\12-10 综合调色案例\2-风光照练习"素材进行调色练习。

12.10.2　静物

有如下一幅图像素材，校准它的色调之后，为它调一个自己喜欢的色调。

01 打开"练习\12-10 综合调色案例\3- 葡萄"素材。

02 观察图像，对比度不足，图像整体发灰，因此单击图层面板最下面的第4个快捷按钮"创建新的填充或调整图层"，添加色阶调整图层。将左滑块拖到49，右滑块拖到228。

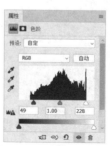

03 这个图像主要通过曲线命令来调整，所以单击图层面板最下面的第 4 个快捷按钮"创建新的填充或调整图层"，添加曲线调整图层。向左上角拖动曲线，拉出一个亮曲线，提亮图像。

05 选择绿色通道，然后将曲线向右下角拉，减绿增品红。

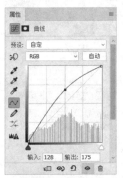

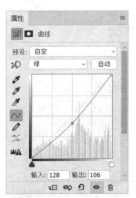

04 选择红色通道，将曲线向左上角拉，减青增红。

06 选择蓝通道，然后将曲线向左上角拉，减黄增蓝。

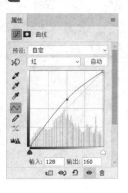

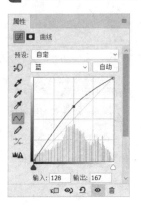

07 回到 RGB 通道可以看到红、绿、蓝及 RGB 通道
各自的操作曲线。

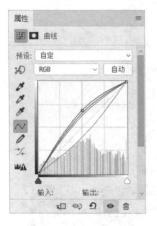

08 因为以上的调整都是针对全图，而葡萄以外的背
景部分，不想让它的颜色发生太大的变化，所以
先选中曲线调整图层自带的图层蒙版。

09 再选择【画笔工具】，使用柔角黑色画笔，"硬度"
为 0%，"不透明度"为 50%。涂抹葡萄以外的
背景区域。

10 添加可选颜色调整图层，选择"蓝色"，设置"黄
色"为 -65%，让图像中的葡萄偏蓝色。

11 在可选颜色命令窗口，选择"洋红"，调整"青
色"为 -75%，"洋红"为 +40%，"黄色"为

+11%，"黑色"为 +8%，让紫色的葡萄显得更通透。

12 添加色阶调整图层，将左滑块拖到 14。

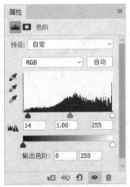

13 添加色相/饱和度调整图层。设置"色相"为 +4，"饱和度"为 +10，稍稍加深全图的饱和度。

小练习

发散思路，对"练习\12-10综合调色案例\4- 枝丫"素材进行练习。

第 13 章

海报后期创作

13

13.1 简单的双重曝光

▶ 扫码轻松学

双重曝光指在同一张底片上进行两次曝光，是摄影师常用的一种摄影手法。简单来说，就是在一张已经曝光过但尚未显影的底片上进行二次曝光，可以粗略地理解为两张照片叠加，它可以令画面层次丰富，增强视觉效果。

多重曝光指在同一张底片上进行多次曝光。

时下比较流行的双重曝光包含人物（人脸）和自然风景（花朵、叶子、树木、道路、天空、湖泊、河流、大海、飞鸟、山川），人物和人物，人物和城市建筑街景，人物和动物，动物和风景，植物和植物，以及植物和风景等。

想要一张比较完美的双重曝光照片，不仅需要一台性能较好的单反，还需要个人具有较好的拍照技术。在 Photoshop 中，通过蒙版、图层的混合模式、不透明度、填充度，再有一些适当的素材，同样可以做出双重曝光的效果。

思路：

（1）常规修饰人像和风景图层。

（2）将人像复制进风景图层。

（3）改变人像图层的混合模式。

（4）盖印图层。

（5）整体修饰。

01 打开"练习\13-1简单双重曝光\1- 向日葵"素材。

02 复制一层图层，重命名为"风景"。

03 打开"13-1 简单双重曝光 \2- 人像"素材。

04 利用选择并遮住抠图法抠出人像。

05 将抠出的"人像"图层拖动到"风景"图层之上，重命名为"人像"。

06 按快捷键 Ctrl+T 调整人像图层的大小及位置。

07 将"人像"图层的"混合模式"改为柔光（叠加也可以），效果已经出来了。

08 将图层的"不透明度"改为 80%。

09 执行【图层 > 图层蒙版 > 显示全部】命令，为"人像"图层添加一个白色的图层蒙版。

10 选择【画笔工具】，设置画笔"形状"为柔角，"颜色"为黑色，"硬度"为 0%，"不透明度"为 75%，涂抹人像与向日葵重叠的身体区域。

11 按快捷键 Ctrl+Shift+Alt+E 盖印一层，重命名为 "双重曝光"。

12 单击图层面板最下面的第 4 个快捷按钮 "创建新的填充或调整图层"，添加曲线调整图层，输入为 194，输出为 207，加深图像的对比度。

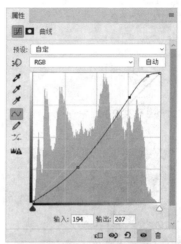

13.2 复杂的双重曝光

▶ 扫码轻松学

思路：

（1）常规修饰人像和背景图层。

（2）将人像复制进背景图层。

（3）载入山洞图层。

（4）利用图层蒙版融合人像图层和山洞图层。

（5）整体修饰。

01 打开 "练习 \13-2 复杂双重曝光 \1- 灰色渐变" 图像素材。

02 复制一层图层，重命名为 "渐变背景"。

03 打开"练习 \13-2 复杂双重曝光 \2- 人物背影"素材。

04 利用选择并遮住抠图法抠出人像。

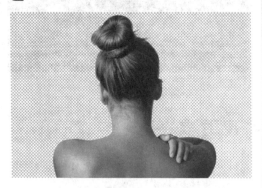

05 将抠出的人像图层拖动到"渐变背景"图层之上，然后重命名为"人像"。

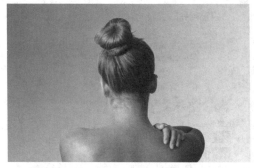

06 按快捷键 Ctrl+T 调整"人像"图层的大小及位置。

07 打开"练习 \13-2 复杂双重曝光 \3- 山洞"素材。

08 将山洞素材拖动到"人像"图层之上，重命名为"山洞"。

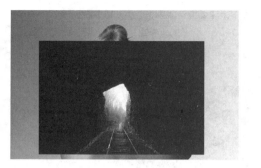

09 按快捷键 Ctrl+T 调整"山洞"图层的大小及位置。

10 选中"山洞"图层，然后按住 Ctrl 键，单击"人像"图层的缩览图，得到选区。

11 执行【图层 > 图层蒙版 > 显示选区】命令，为"山洞"图层中人像选区添加一个白色的图层蒙版，并隐藏选区之外的区域。

12 选择【画笔工具】，设置画笔"形状"为柔角，"颜色"为黑色，"硬度"为0%，"不透明度"为35%，涂抹人像的头发、肩膀及耳朵等区域。

13 打开"练习\13-2 复杂双重曝光\4-飞鸟"素材。

14 抠出飞鸟，然后拖到"山洞"图层之上，重命名图层为"飞鸟"。

15 调整"飞鸟"图层的大小及位置。

16 按快捷键 Ctrl+Shift+Alt+E 盖印一层图层，重命名为"双重曝光"。

17 执行【滤镜 > 转换为智能滤镜】命令将"双重曝光"图层转换成智能对象。

18 执行【滤镜 > 渲染 > 镜头光晕】命令，选择"亮度"为 76%，"镜头类型"为 50-300 毫米变焦。

19 单击图层面板最下面的第 4 个快捷按钮"创建新的填充或调整图层"，添加色阶调整图层，拖动左滑块到 9。

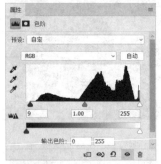

13.3　剪影人像海报

▶ 扫码轻松学

思路：

（1）需要一幅人像和一幅风景素材。

（2）对人像素材执行阈值命令并设置，得到人物的五官黑白图像。

（3）抠出人像。

（4）将风景置于抠出人像之下。

（5）对抠出人像执行剪贴蒙版操作，将风景内容剪贴在人像形状之上。

（6）整体修饰。

01 打开"练习\13-3 剪影人像海报\1- 人物"素材。

02 复制一层图层，重命名为"黑白"。

03 执行【图像＞调整＞阈值】命令，因为想要一个比较清晰的五官效果，所以调整"阈值色阶"为 117。

04 执行【选择＞色彩范围】命令，用吸管单击黑色的头发部分，直到头发和五官都变为白色。

05 复制一层图层，重命名为"人像"，其实这时已经抠出了黑白人像。

06 打开"练习 \13-3 剪影人像海报 \2- 夜晚风景"素材。

07 使用【移动工具】将风景素材拖到"人像"图层上，并重命名为"风景"。

08 按快捷键 Ctrl+T 调整"风景"图层的大小及位置。

09 执行【图层 > 创建剪贴蒙版】命令，添加一个剪贴蒙版。

10 按快捷键 Ctrl+T 调整"风景"图层的大小及位置。

11 选中"黑白"图层，然后单击图层面板最下面的第 4 个快捷按钮"创建新的填充或调整图层"，添加一个纯色调整图层，在弹出的拾色器中选择白色。

12 盖印一层图层，重命名为"炫酷人像"。

13 因为想让图像中红色的树鲜艳一点，天空偏蓝一点，所以单击图层面板最下面的第 4 个快捷按钮

"创建新的填充或调整图层"，添加可选颜色调整图层。先选择"红色"，设置"青色"为 –92%，"洋红"为 +21%，"黄色"为 +17%。

14 再选择"蓝色"，设置"青色"为 +33%，"洋红"为 +28%，"黄色"为 –65%。

13.4　3D柱形凹凸人像海报

▶ 扫码轻松学

思路：

（1）创建背景。

（2）修饰人像。

（3）对抠出的人像执行凸出滤镜。

（4）抠出人像。

（5）置入背景素材。

（6）整体修饰。

01 按快捷键 Ctrl+N 新建一个宽度为 50 厘米，高度为 80 厘米的背景图层。

02 按快捷键 Ctrl+R 调出标尺，然后执行【视图 > 新建参考线】命令，垂直和水平都为 50%。

03 打开"练习 \13-4 3D 柱形凹凸人像海报 \1- 抬头仰望"素材。

04 利用选择并遮住抠图法抠出人像。

05 将抠出的人像图层拖动到新建的背景图层之上，重命名为"人像"。

06 调整"人像"图层的大小及位置，使人物的鼻尖在参考线中心点处。凸出滤镜是以画布中心为中心点向四周凸出的，而选的这幅人像是人物的侧脸，尝试很多次后发现，把鼻尖放在参考线中心点处，可以让凸出的 3D 柱形偏向一个方向，效果最好。

07 选择【钢笔工具】，然后选取图所示的衣服区域。

08 按快捷键 Ctrl+Enter 将路径转化为选区。

09 按 Delete 键，删除选区中的内容。

10 按快捷键 Ctrl+D 取消选区。

11 按快捷键 Ctrl+Shift+Alt+E 盖印一层图层，重命名为"盖印"。

12 执行【滤镜 > 转换为智能滤镜】命令，将盖印图层转换成智能对象。

13 执行【滤镜 > 风格化 > 凸出】命令，设置"大小"为 30 像素，"深度"为 45。

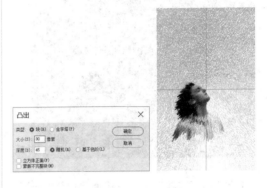

14 选择"钢笔工具"，然后选取人物轮廓区域。

15 按快捷键 Ctrl+Enter 将路径转化为选区。

16 复制一层图层，得到新图层。

17 打开"练习\13-4 3D柱形凹凸人像海报\2- 墙壁"
背景素材。

18 选择【矩形选框工具】，在图像窗口创建一个矩
形选框。

19 按快捷键 Ctrl+Shift+N 新建一个空白图层，命名
为"相框"。

20 按快捷键 Shift+F5 为"相框"图层填充为白色。

21 按快捷键 Ctrl+D 取消选区。

22 执行【图层>图层样式>混合选项】命令，勾选"斜
面和浮雕"复选框。设置"深度"为84%，"大小"
为27像素，"角度"为142度，"高度"为16度，
"高光模式"为滤色，"不透明度"为83%，"阴
影模式"为正片叠底，"不透明度"为50%。

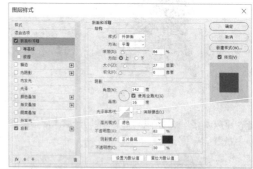

23 勾选"投影"复选框,设置"混合模式"为正片叠底,"不透明度"为75%,"角度"为142度,"距离"为31像素,"扩展"为20%,"大小"为65像素。

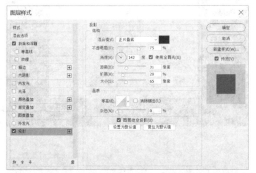

24 将抠出的"人像"图层拖到"相框"图层之上,重命名为"人像"。

25 按快捷键Ctrl+T调整"人像"图层的大小及位置。

26 执行【图层>图层样式>混合选项】命令,勾选"投影"复选框,设置"混合模式"为正片叠底,"不透明度"为32%,"角度"为142度,"距离"为34像素,"扩展"为9%,"大小"为10像素。

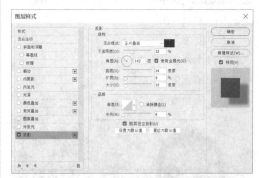

27 单击图层面板最下面的第 4 个快捷按钮"创建新
的填充或调整图层",添加曲线调整图层,稍微
调整曲线,加深对比度。

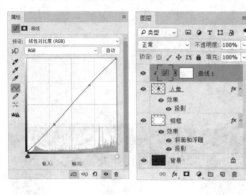

13.5　镂空人像海报

▶ 扫码轻松学

思路:

（1）抠出人像。

（2）扩展画布。

（3）利用仿制图章工具取样。

（4）在图像窗口绘制。

（5）裁剪修饰。

01 打开"练习\13-5
镂空人像海报\1-
时尚大片人像"
素材,得到人像
的"背景"图层。

04 单击快速选择工具属性栏中的【选择并遮住】命
令,进入命令窗口,优化人像头发边缘。

05 抠出人像部分。

02 复制一层图层,重命名为"模板"。

03 选择【快速选择工具】,选取人像。

06 在图层面板的快捷命令中新建一个黑色背景，然后将图层的位置调整到"图层1"图层下面。

07 选中"图层1"图层，执行【图像>画布大小】命令，设置"宽度"为200，"高度"为100。

08 选择【仿制图章工具】，调整画笔大小为3像素。按住Alt键并单击鼠标，先在原图左下角取样，然后在右方空白区域相应位置起笔开始绕圈绘制。在什么位置取样，就在其相应的地方绘制，这样不容易错位。

09 尽量绘制连贯一些。

10 继续绘制。

11 操作到一定程度后，大体效果就出来了。

12 仔细勾绘出人物五官。

13 选择【裁剪工具】，完成图所示的效果的裁剪。

14 按快捷键 Ctrl+Shift+Alt+E 盖印一层图层，重命名为"盖印"。

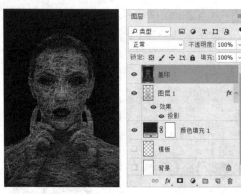

15 单击图层面板最下面的第 4 个快捷按钮"创建新的填充或调整图层"，添加色阶调整图层，将右滑块拖到 229。

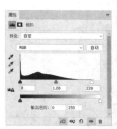

13.6　文字排列人像海报

▶ 扫码轻松学

思路：

（1）裁剪人像素材到适当的尺寸。

（2）去色然后保存。

（3）创建文字图层。

（4）置换滤镜。

（5）更改图层模式。

（6）整体修饰。

01 打开"练习 \13-6 文字排列人像海报 \1- 侧脸"素材。

02 按快捷键 Ctrl+Shift+U 为原图去色。因为本图像已经是黑白的，所以无须去色，如果图像是彩色

的，则需要去色。选择【裁剪工具】，将图像裁剪为合适的尺寸。

03 复制一层图层，得到新图层，重命名为"模糊"。

04 执行【滤镜＞模糊＞高斯模糊】命令，设置"半径"为 6 像素，让画面变得柔和。

05 将图像文件保存为 PSD 文件，记住保存路径。在图层面板中，删除"模糊"图层。按快捷键

Ctrl+Shift+N 新建一个空白图层，重命名为"文字背景"。按快捷键 Shift+F5 将"文字背景"图层填充为黑色。

06 选择【文字工具】，设置文字大小为 8 点，颜色为白色。输入一些自己喜欢的文字，注意文字字号要小，排列要紧凑，铺满画面。

07 按快捷键 Ctrl+Shift+Alt+E 盖印一层图层，命名为"盖印"。

08 选中"盖印"图层，执行【滤镜＞转换为智能滤镜】命令，将图层转换成智能对象。

09 执行【滤镜 > 扭曲 > 置换】命令，设置"水平比例"和"垂直比例"均为 5。

10 单击"确定"按钮后，软件会要求选取一个置换图，这时选择刚才保存的 PSD 图像文件。

12 将"人像"图层拖到"盖印"图层上面。

13 更改"人像"图层的图层模式为正片叠底。

11 选中"背景"图层，复制一层，重命名为"人像"。

14 如果觉得人物五官的立体感不够，那么可以将黑白人物背景再复制一层。

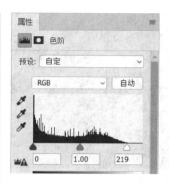

16 选择【裁剪工具】，将图像裁剪到满意的尺寸。

15 单击图层面板最下面的第 4 个快捷按钮"创建新的填充或调整图层"，添加色阶调整图层，拖动右滑块到 219。

13.7　碎裂人像海报

▶ 扫码轻松学

思路：

（1）处理人像素材。

（2）载入土地裂纹素材。

（3）修改图层混合模式。

（4）利用图层蒙版融合人像和裂纹素材。

（5）整体修饰。

01 打开"练习 \13-7 碎裂人像海报 \1- 碎裂人像"素材。

02 复制一层图层，将图层重命名为"人像"。选择"裁剪工具"，对图片进行适当裁剪。

03 打开"练习 \13-7 碎裂人像海报 \2- 土地裂纹"素材。

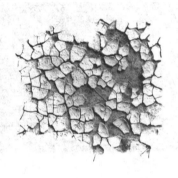

04 选择【移动工具】，然后将土地裂纹素材直接拖到"人像"图层之上，重命名为"裂纹1"。

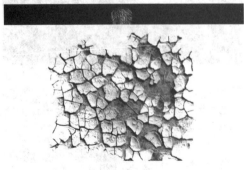

05 按快捷键Ctrl+T调整"裂纹1"图层的大小及位置。

06 将"裂纹1"图层模式改为正片叠底。

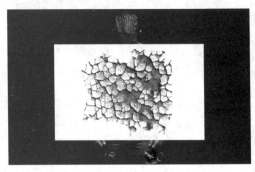

07 执行【图层＞图层蒙版＞显示全部】命令，为"裂纹1"图层添加一个白色的图层蒙版。

08 选择【画笔工具】，设置画笔"形状"为柔角，"颜色"为黑色，"硬度"为0%，"不透明度"为75%，涂抹身体轮廓以外的部分。

11 将"裂纹 2"图层模式改为正片叠底。

09 选择【移动工具】，然后将土地裂纹素材拖动到"裂纹 1"图层之上，重命名为"裂纹 2"。

12 执行【图层 > 图层蒙版 > 显示全部】命令，为"裂纹 2"图层添加一个白色的图层蒙版。

10 调整"裂纹 2"图层的大小及位置。

13 选择【画笔工具】，设置画笔"形状"为柔角、"颜色"为黑色、"硬度"为 0%、"不透明度"为 75%，涂抹手部轮廓以外的部分。

14 同样的操作，处理人像另一只手。

15 按快捷键 Ctrl+Shift+Alt+E 盖印一层，命名为"盖印"。

16 复制一层图层，命名为"清晰"。

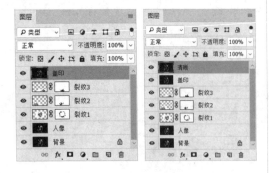

17 将"清晰"图层转换成智能对象。

18 执行【滤镜 > 其他 > 高反差保留】命令，设置"半径"为 3 像素。

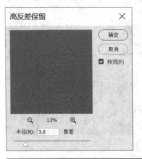

19 将"清晰"图层模式改为叠加。

20 单击图层面板最下面的第 4 个快捷按钮"创建新的填充或调整图层",添加曲线调整图层,稍微加强一下图像对比度。

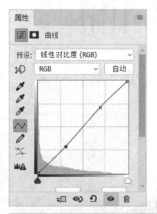

21 单击图层面板最下面的第 4 个快捷按钮"创建新的填充或调整图层",添加色阶调整图层。将中间的滑块拖到 1.22,右滑块拖到 243。

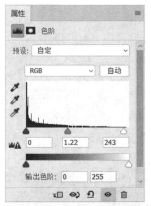

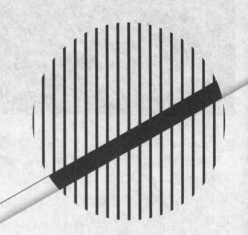

第 14 章

时尚特效案例

14

14.1　叶雕效果

▶ 扫码轻松学

思路：

（1）先将人物头像、动物头像、山水画等用阈值转换成黑白图案，然后抠出来。

（2）抠出树叶。

（3）将人物、动物、山水移动到树叶素材上，调出选区。

（4）选中树叶，删去人物、动物、山水选区。

（5）处理影子。

（6）整体修饰。

01 打开"练习 \14-1 叶雕效果 \1- 鹰"素材。

02 利用选择并遮住抠图法抠出老鹰，得到"图层 1"图层。

03 选择"图层 1"图层，执行【图像 > 调整 > 阈值】命令，设置"阈值色阶"为 72，让老鹰的轮廓清晰显现出来。

04 打开"练习 \14-1 叶雕效果 \2- 枫叶"素材，用魔棒工具抠图法抠出图像。

05 复制一层枫叶图层，重命名为"树叶"。

06 选择【魔棒工具】，然后在图像窗口单击背景中的白色区域，得到背景的选区。

07 按快捷键 Shift+Ctrl+I 反选选区，得到树叶的选区。

08 复制一层图层，此时树叶就抠出来了。

09 按快捷键 Ctrl+N 创建一个"宽度"和"高度"分别为 20 厘米和 15 厘米，"分辨率"为 300 像素/英寸，"背景内容"为白色的背景图。

10 将抠出来的枫叶拖到刚才建的白色背景图上。

11 按快捷键 Ctrl+T 调整树叶图层的大小及位置如图，空出右半部分是为了在后期制作投影。

12 将处理好的鹰图层也拖动到新建图层上。

13 调整鹰图层的大小及位置。

14 选择【魔棒工具】，单击鹰图层的白色区域，得到白色区域的选区。

15 在图层面板，关闭鹰图层前面的小眼睛隐藏鹰图层，可以看到该选区。

16 选择抠出来的枫叶，按 Delete 键，删掉选区中树叶的部分。

17 按快捷键 Ctrl+D 后得到叶雕的初步效果。

18 将抠出来的树叶复制一层，得到树叶拷贝图层，重命名为"影子"。按住 Ctrl 键，然后在图层面板，单击"影子"图层的缩览图，得到选区。

19 按快捷键 Shift+F5 填充，设置"内容"为黑色，"模式"为正常，"不透明度"为100%，单击"确定"按钮。

20 按快捷键 Ctrl+D 取消选区。

21 按快捷键 Ctrl+D，单击鼠标右键，在弹出的菜单命令中选择【扭曲】，然后将"影子"图层扭曲为图所示的形状。

22 执行【滤镜 > 模糊 > 高斯模糊】命令，设置"半径"为 3 像素。

23 将"影子"图层的不透明度改为 45%。

24 调换"影子"图层和抠出来的"树叶"图层的位置。

25 选择【裁剪工具】，适当裁剪一下图像。

26 选择"树叶"图层，按快捷键 Ctrl+Shift+Alt+E 盖印一层，重命名为"叶雕"。

27 单击图层面板最下面的第 4 个快捷按钮"创建新的填充或调整图层",添加色阶调整图层。将左滑块拖到 21,中间的滑块拖到 0.88,恢复图像的准确亮度值。

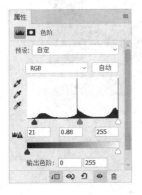

使用"练习 \14-1 叶雕效果 \3- 鹿"素材制作叶雕效果。

14.2　纸雕效果

▶ 扫码轻松学

思路:

（1）处理好背景。

（2）将人物、动物或者风景用通道抠图法抠出来。

（3）调出人物、动物或者风景选区。

（4）删除素材上纸雕部分选区内容,得到镂空的纸雕效果。

01 打开"练习 \14-2 纸雕效果 \1- 卡片"素材。

02 复制两层背景，然后将这两层图层重命名为"底层"和"纸雕"，然后关闭"纸雕"图层前面的小眼睛，隐藏"纸雕"图层。

03 选择"底层"图层，使用【仿制图章工具】，适当调整仿制图章工具的大小，在底层图所示方框位置处，按住 Alt 键，单击左键选择仿制源。

04 拖动鼠标遮盖白纸和手的部分。此过程最好多次选择仿制源，进行多次涂抹，效果会更自然。

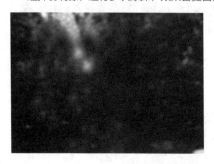

05 打开"纸雕"图层前面的小眼睛，使图层可见。

06 打开"练习\14-2 纸雕效果\2- 山水"素材。

07 选择通道面板，查看红色、绿色、蓝色 3 个通道中哪个通道的灰色调前景色和背景色的对比度较大。

10 按住 Ctrl 键，然后在通道面板单击该复制通道的缩览图载入选区。

08 因为本图像蓝色通道对比度较大，所以复制蓝通道。

11 按快捷键 Ctrl+Shift+I 进行反选，得到风景的选区。

09 按快捷键 Ctrl+L 打开色阶命令窗口。将左滑块拖到 151，右滑块滑到 171，增加亮部和暗部的对比度。

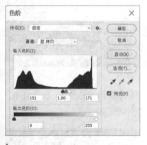

12 在通道面板，恢复原来 RGB 通道的可见性。

13 复制选区图层得到"图层 1"图层，隐藏"背景"图层，此时风景已被抠出。

303

14 选择【移动工具】，将抠出的风景直接拖动到"纸雕"图层上，重命名为"风景"。

15 调整图像的大小及位置。

16 按住 Ctrl 键，单击"风景"图层的缩览图载入选区。

17 关闭"风景"图层前面的小眼睛，隐藏该图层，看到风景选区。

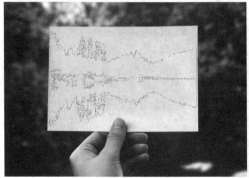

18 选择"纸雕"图层，然后按 Delete 键，在"纸雕"图层中删除上一步得到的风景选区。

| 14.3 照片墙效果 |

19 取消选区得到初步效果。

20 按快捷键 Ctrl+Shift+Alt+E 盖印一层，重命名为"盖印"。

21 单击图层面板最下面的第 4 个快捷按钮"创建新的填充或调整图层"，添加色阶调整图层，拖动左滑块到 36。

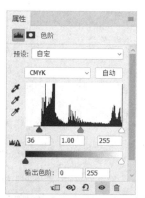

小练习

用"练习\14-2 纸雕效果\3- 北极熊"素材制作纸雕效果。

14.3 照片墙效果

▶ 扫码轻松学

思路：

（1）先制作照片墙的模板，包括每张小的照片和影子。

（2）利用色彩范围得到每张照片的选区。

（3）给选区添加蒙版。

（4）将要处理的照片放在蒙版图层下面，它会通过蒙版的黑色部分透出来。

（5）整体修饰。

01 新建一个"宽度"和"高度"为 17 厘米和 25 厘米的白色背景图层，因为要按长宽为 3:2 的比例做成 16 张小的图像。

305

02 按快捷键 Ctrl+R 调出标尺。

03 单击图层面板最下面的第 4 个快捷按钮"创建新的填充或调整图层"，添加纯色调整图层，选择一种除了黑白以外的颜色。

04 选择【矩形选框工具】，从图像窗口右上角选出一个 6 厘米 ×4 厘米的选框。

05 新建一个空白图层，重命名为"影子"。按快捷键 Shift+F5 将影子图层填充为黑色。

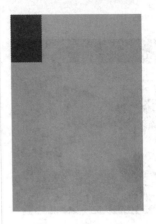

06 新建一个空白图层，重命名为"白边"。按快捷键 Shift+F5 将白边图层填充为白色。

07 执行【选择 > 修改 > 收缩】命令，将选区缩小 5~10 个像素。

08 按快捷键 Shift+F5，随便填充一个颜色（除了黑色、白色、灰色），然后取消选区。

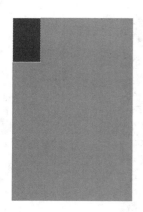

09 先隐藏白边图层，然后选择"影子"图层，执行【滤镜 > 模糊 > 高斯模糊】命令，设置"半径"为8像素。

10 将"影子"图层的"不透明度"改为45%。

11 显示隐藏的白边图层，然后将"白边"图层和"影子"图层一起选中。

12 复制它们得到"白边拷贝"图层和"影子拷贝"图层。

13 选择【移动工具】，然后将"白边拷贝"图层和"影子拷贝"图层移动到图所示的位置。

14 重复步骤，直到16张小图都完成为止。

15 选择【裁剪工具】，裁剪掉多余的边。

16 选择白边图层，按快捷键 Ctrl+T 自由变换。

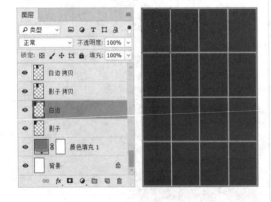

17 单击鼠标右键，在弹出的菜单命令中选择【变形】，然后将白边图层拖动出卷角的感觉。

18 选择影子图层，按快捷键 Ctrl+T 自由变换，单击鼠标右键，选择【变形】命令，变形时需要和上面的白边图层相对应调整。

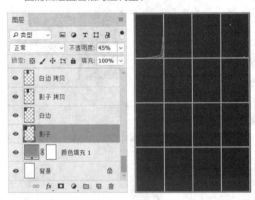

19 分别选定 "白边拷贝" 图层和 "影子拷贝" 图层，重复步骤 17 和步骤 18，得到图所示的效果。

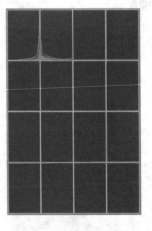

20 重复上述步骤，直到完成 16 张图片为止。为了让效果更逼真，可以让每个卷角都不一样。

21 删除纯色调整图层。

22 选择"白边拷贝15"图层，然后按快捷键 Ctrl+Shift+Alt+E 盖印一层，重命名为"模板"。至此模板就制作完成了，以后要处理类似的照片，直接使用即可。

23 选择【魔棒工具】，单击16张图片中任何一张的蓝色区域，得到一个选区。

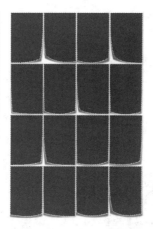

24 按住 Alt 键，然后为"模板"图层添加黑色蒙版，遮罩照片墙之间的空隙。

25 打开要处理的人像素材"练习\14-3 照片墙效果\1-人脸"。

26 选择【移动工具】，直接将"人像"图层拖动到"模板"图层上，重命名为"人像"。

27 把"人像"图层放在"模板"图层下面。

28 选择"人像"图层，进行自由变换，调整"人像"图层的大小及位置。

小练习

使用"练习\14-3 照片墙效果\2- 人像"素材制作照片墙。

14.4　粒子颗粒感人物效果

▶ 扫码轻松学

思路：

（1）用快速选择工具和它的选择并遮住属性将人像抠出来。

（2）用蒙版对抠出的人像进行细节的修饰。

（3）盖印人像，并给盖印图像添加白色的图层蒙版。

（4）复制盖印图层并液化。

（5）给液化图层添加黑色蒙版。

（6）定义一个粒子碎片画笔。

（7）在液化图层上，用上一步定义的画笔（白色）涂抹出消散颗粒的感觉。

（8）处理人像和粒子的交界。

（9）整体修饰。

01 打开"练习\14-4 粒子颗粒感人物效果\1- 女子"素材。

02 选择【快速选择工具】，然后在图像窗口用快速选择工具大概选出人像。

03 单击【选择并遮住】属性，打开命令窗口。选择【调整边缘画笔工具】，然后对人像的头发及身体边缘进行涂抹，直到抠出完整的人像为止。

04 右下角"输出到"选择新建带有图层蒙版的图层，得到带有蒙版的"背景拷贝"图层。

05 选择【画笔工具】，确保前景色为白色，对人像缺失部分进行涂抹，补回丢失的人像。同样的道理，确保前景色为黑色，对人像以外有瑕疵的部分进行涂抹，遮盖不需要的背景。

06 新建一个空白图层，重命名为"人像"。

07 按快捷键 Ctrl+Shift+Alt+E 盖印一层，可以看到修饰过的抠出人像已经存储在"人像"图层中了。

08 单击图层面板最下面的第 4 个快捷按钮"创建新的填充或调整图层"，添加纯色调整图层，设置颜色为白色，得到"颜色填充 1"图层。调换位置，让"颜色填充 1"图层位于"人像"图层下面。

09 选择"人像"图层,调整大小及位置。

10 将"人像"图层复制一层,重命名为"液化"。

11 选择"液化"图层,执行【滤镜 > 转换为智能滤镜】命令将其转换成智能对象。

12 按快捷键 Shift+Ctrl+X,打开液化命令窗口,调整画笔"大小"为 450、"压力"为 100,涂抹成图所示的样子。

13 按住 Alt 键,然后在图层面板最下面单击"添加图层蒙版"按钮,为"液化"图层添加黑色的图层蒙版。

14 定义一个黑色正方形为画笔。选择【画笔工具】,然后选择刚才定义好的正方形粒子画笔。

15 按 F5 键调出画笔预设调板。勾选"形状动态"复选框,设置"大小抖动"为 46%,"最小直径"为 12%,"角度抖动"为 34%。

16 勾选"散布"复选框，然后勾选"两轴"复选框，设置为1000%。

18 选择"人像"图层，单击"添加蒙版"按钮，为"人像"图层添加白色的图层蒙版。

19 选择定义的画笔，"硬度""不透明度"及"流量"全都调到最大，保证前景色为黑色的情况下，在人像图层的蒙版上进行涂抹，在人物和碎片交界处要细心涂抹。

17 选择"液化"图层的黑色蒙版。在确保前景色为白色的情况下，使用刚定义好的画笔在"液化"图层的蒙版上进行涂抹。

20 关闭除了"液化"图层之外所有图层前的小眼睛。

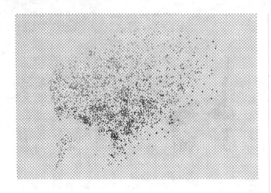

21 新建一个图层，重命名为"层次"。

22 按快捷键 Ctrl+Shift+Alt+E 盖印一层，碎片离子被复制在了"层次"图层里。

26 稍稍移动一下"层次"图层的位置。

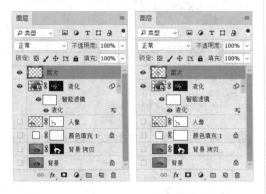

23 打开隐藏图层的小眼睛，恢复"人像"图层和"颜色填充 1"图层的可见性。

24 调换"层次"图层和"液化"图层的位置。

27 选择"液化"图层，盖印一层，重命名为"粒子人像"。

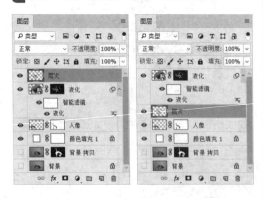

25 将"层次"图层的"不透明度"改为 25%。

28 单击图层面板最下面的第 4 个快捷按钮"创建新的填充或调整图层"，添加色阶调整图层。将左滑块拖到 14，中间滑块拖到 1.09，恢复图像的准确亮度值。

使用"练习 \14-4 粒子颗粒感人物效果 \2- 躺倒"素材制作颗粒感人物效果。

14.5　逐渐消散的烟雾人像

▶ 扫码轻松学

思路：

（1）抠出人像。

（2）处理背景。

（3）液化复制人像并添加黑色蒙版。

（4）载入烟雾画笔。

（5）在液化图层涂抹出消散的感觉。

（6）处理人像和液化图层的交界。

（7）整体修饰。

01 打开"练习 \14-5 逐渐消散的烟雾人像 \1- 倒立"素材。

02 将背景图层复制一层，重命名为"新背景"。

315

03 选择【仿制图章工具】，然后选择一个"柔角"画笔，画笔"大小"为 500 像素，"硬度"为 100%。按住 Alt 键单击鼠标取样，在需要修复的人像上涂抹。

04 在操作过程中，可以根据背景的具体情况多次取样，多次涂抹。

05 关闭"新背景"图层前的眼睛，暂时隐藏"新背景"图层。

06 选择"背景"图层，用选择并遮住抠图法抠出人像。

07 显示"新背景"图层，并调换"人像"图层和"新背景"图层的位置，分离人像和背景。

08 复制一层"人像"图层，重命名为"液化"。

09 选择"液化"图层，执行【滤镜＞转换为智能滤镜】命令将其转换成智能对象。

10 按快捷键 Shift+Ctrl+X 液化，调整画笔"大小"为 400，"压力"为 100 开始涂抹。

11 按住 Alt 键，单击"添加蒙版"按钮，为"液化"图层添加黑色的图层蒙版。

12 选择"人像"图层，单击"添加蒙版"按钮，为"人像"图层添加白色的图层蒙版。

13 载入一个烟雾笔刷。

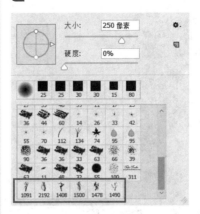

14 选择【画笔工具】，选择一个载入的烟雾画笔，调整好画笔大小，然后选中"液化"图层的黑色蒙版。

15 在确保前景色为白色的情况下，使用刚载入的烟雾画笔在液化的地方单击。

16 多次调整烟雾画笔形状、大小及方向，进行多次操作。

18 多次调整烟雾画笔形状、大小及方向，进行多次操作。

17 选中"人像"图层的白色蒙版。在确保前景色为黑色的情况下，使用刚载入的烟雾画笔在人物和烟雾交界处单击。

19 选择"液化"图层，复制一层，重命名为"加深烟雾"。

20 将"加深烟雾"图层的"不透明度"改为 50%。

21 盖印一层,重命名为"雾化人像"。单击图层面板最下面的第 4 个快捷按钮"创建新的填充或调整图层",添加色阶调整图层。将左滑块拖到 10,恢复图像的准确亮度值。

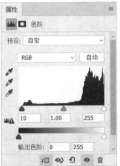

小练习

使用"练习\14-5 逐渐消散的烟雾人像\2- 腾飞"素材制作烟雾人像效果。

14.6 人物工笔画风格效果

▶ 扫码轻松学

思路:

(1)对图像进行基本修饰。

(2)提升人物边缘和线条的清晰度。

(3)提取线稿。

(4)增加人物暗部的细节。

(5)模仿工笔画的细节质感。

(6)添加诗词印章。

(7)整体修饰。

01 打开"练习\14-6 人物工笔画风格效果\1- 中国风女子"素材。

02 复制一层,重命名为"高反差"。执行【滤镜 > 其他 > 高反差保留】命令,设置"半径"为 3.5 像素。

03 将"高反差"图层的混合模式改为叠加,人物的轮廓和线条明显清晰了很多。

04 复制一层"高反差"图层,提高清晰度。

05 按快捷键 Ctrl+Shift+Alt+E 盖印一层,命名为"盖印"。

06 将"盖印"图层复制一层,命名为"线稿"。

07 选择"线稿"图层,按快捷键 Ctrl+I 反相图层。

08 将"线稿"图层的混合模式改为颜色减淡。

09 执行【滤镜 > 其他 > 最小值】命令，设置"半径"为 2 像素，数值大小可依图像效果进行设置。

10 执行【图层 > 图层样式 > 混合选项】命令，对"混合颜色带"进行设置，按住 Alt 键，然后单击"下一图层"的黑色滑块，拖动滑块到适当的位置。

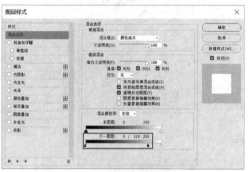

11 按快捷键 Ctrl+Shift+Alt+E 盖印一层，重命名为"工笔"。

12 单击图层面板最下面的第 4 个快捷按钮"创建新的填充或调整图层"，添加纯色调整图层，设置颜色为淡黄色（R=215、G=215、B=165）作为工笔画的背景。

13 将"工笔"图层放在"颜色填充 1"图层的上面。

14 选择"颜色填充 1"图层，将它的"不透明度"改为 85%，让线稿的一部分从下面透出来。

15 选择工笔图层，执行【图层 > 图层样式 > 图案叠加】命令，设置"不透明度"为 5%，"图案"选择"网点 1"，"缩放"为 150%，模仿工笔画的细节和质感。

16 将"工笔"图层的混合模式改为正片叠底。

17 打开"练习\14-6 人物工笔画风格效果\2- 诗词"素材。

18 选择【移动工具】，将古诗素材直接拖动工笔图层之上，重命名为"诗词"。

19 自由变换调整"诗词"图层的大小及位置。

20 将"诗词"图层的混合模式改为正片叠底，滤去白色背景。

21 为图片加一个印章。

22 盖印一层，重命名为"工笔画"。

23 单击图层面板最下面的第 4 个快捷按钮"创建新的填充或调整图层",添加色阶调整图层。将左滑块拖到 11,中间滑块拖到 0.95,右滑块拖到 226,恢复图像的准确亮度值。

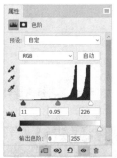

小练习

使用"练习 \14-6 人物工笔画风格效果 \3- 工笔画练习人像"素材制作工笔画人像效果。

14.7 圆珠笔风格的人像效果

▶ 扫码轻松学

思路:

(1)先修饰人像。

(2)将人像转成黑白。

(3)提取线稿。

(4)透出一部分暗部让画面更圆润。

(5)填充油笔颜色。

(6)适当锐化,突出圆珠笔的笔触。

(7)整体修饰。

01 打开"练习 \14-7 圆珠笔风格效果 \1- 人像"素材。

02 复制一层,重命名为"磨皮"。选择【修补工具】,修饰一下人物的皮肤,将比较大的痘痘和色斑除去,减少后期皮肤上出现的噪点,用计算磨皮法处理一下皮肤。

03 复制一层，重命名为"高反差"。

04 执行【滤镜＞其他＞高反差保留】命令，设置"半径"为 3 像素。

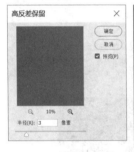

05 将"高反差"图层的混合模式改为叠加，增加人物轮廓的对比度。

06 盖印一层，重命名为"盖印"，至此前期准备工作就算完成了。

07 复制一层图层，重命名为"暗部"。按快捷键 Ctrl+Shift+U 为"暗部"图层去色。

08 将去色后的"暗部"图层复制一层，重命名为"线稿"，然后按快捷键 Ctrl+I 反相图层。

09 将"线稿"图层的混合模式改为颜色减淡，注意这个时候图像基本是白色的。

10 执行【滤镜 > 其他 > 最小值】命令，将"半径"设置为 2 像素，数值大小看图像效果设置。

11 执行【图层 > 图层样式 > 混合选项】命令，对混合颜色带进行设置，按住 Alt 键，单击"下一图层"黑色滑块，拖动滑块到适当的位置。

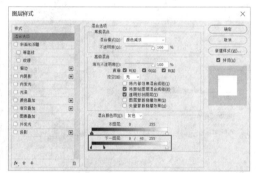

12 盖印一层，重命名为"修饰背景"。

13 选择白色柔角的【画笔工具】，细致涂抹图像中的噪点。

14 单击图层面板最下面的第 4 个快捷按钮"创建新的填充或调整图层"，添加纯色调整图层，设置颜色为类似圆珠笔颜色的蓝色（R=4、G=4、B=177），然后将纯色调整图层重命名为"上色"。

15 将"上色"图层的混合模式改为叠加。柔光模式也可以，效果稍有不同。

16 盖印一层，重命名为"盖印 2"。将"盖印 2"图层复制一层，重命名为"锐化"。

17 执行【滤镜 > 锐化 >USM 锐化】命令，设置"数量"为 121%，"半径"为 0.9 像素。

18 将"锐化"图层复制一层，重命名为"整体修饰"。

19 选择【画笔工具】，确保前景色为白色的情况下，对图像中的噪点，再一次进行细致的涂抹。

20 单击图层面板最下面的第 4 个快捷按钮"创建新的填充或调整图层"，添加色阶调整图层，将左滑块拖到 18。

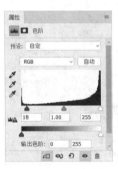

小练习

使用"练习\14-7 圆珠笔风格效果\2- 圆珠笔练习"素材制作圆珠笔风格的人像效果。

14.8 素描风格的人像效果

▶ 扫码轻松学

思路：

（1）先修饰人像。

（2）将人像转成黑白。

（3）提取线稿。

（4）透出一部分暗部，模仿素描画。

（5）添加杂点并动感模糊。

（6）整体修饰。

01 打开"练习 \14-8 素描风格效果 \1- 素描人像"素材。

02 复制一层，重命名为"液化"。按快捷键 Ctrl+Shift+X 打开命令窗口，调整画笔"大小"和"压力"，修饰人物。

03 单击"确定"按钮。

04 复制一层，重命名为"磨皮"。选择【修复工具】，修饰一下人物的皮肤，将比较大的痘痘和色斑除去，然后用计算磨皮法处理一下皮肤，减少后期皮肤上出现的噪点。

05 复制一层，重命名为"高反差"。执行【滤镜 > 其他 > 高反差保留】命令，设置"半径"为 2 像素。

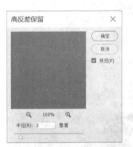

06 将"高反差"图层的混合模式改为叠加。

327

07 盖印一层，重命名为"盖印"，至此前期准备工作完成。

08 复制一层，重命名为"暗部"。按快捷键 Ctrl+Shift+U 为"暗部"图层去色。

09 将去色后的"暗部"图层复制一层，重命名为"线稿"。按快捷键 Ctrl+I 反相图层。

10 将"线稿"图层的混合模式改为颜色减淡。

11 执行【滤镜 > 其他 > 最小值】命令，设置"半径"为 2 像素。

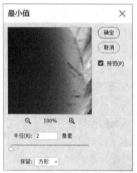

12 执行【图层 > 图层样式 > 混合选项】命令，对混合颜色带进行设置。

13 盖印一层，重命名为"修饰"。单击图层面板最下面的第 4 个快捷按钮"创建新的填充或调整图层"，添加纯色调整图层，设置颜色为黑色（R=0、G=05、B=165）作为背景，将修饰图层放在纯色调整图层上面。

14 单击图层面板最下面的第 3 个快捷按钮"添加图层蒙版"，为修饰图层添加白色图层蒙版。

15 执行【滤镜＞杂色＞添加杂色】命令，设置"数量"为 60%，并选中"平均分布"选项。

16 执行【滤镜＞模糊＞动感模糊】命令，设置"角度"为 54 度，"距离"为 150 像素。

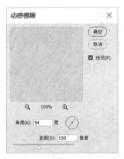

17 盖印一层，重命名为"素描"。单击图层面板最下面的第 4 个快捷按钮"创建新的填充或调整图层"，添加色阶调整图层，将左滑块拖到 4，右滑块拖到 229。

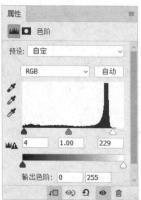

使用"练习\14-8 素描风格效果\2- 素描人像练习"素材，制作素描风格图像。

14.9　水墨画风格的图像效果

▶ 扫码轻松学

思路：

(1) 修饰风景照。

(2) 提升风景边缘和线条的清晰度。

(3) 去色。

(4) 查找边缘。

(5) 模糊。

(6) 做出墨水轮廓。

(7) 整体修饰。

01 打开"练习\14-9 水墨画风格效果\1- 小城风景"素材。

02 复制一层，重命名为"去瑕疵"。选择【修补工具】，除去图像中现代化的东西，如道路上的垃圾桶、房子外的油烟机、山上的信号塔等。

03 复制一层，重命名为"高反差"。执行【滤镜 > 其他 > 高反差保留】命令，设置"半径"为3像素。

04 将"高反差"图层的混合模式改为叠加。

05 盖印一层，重命名为"盖印"。复制一层重命名为"黑白"，按快捷键 Ctrl+Shift+U 为"黑白"图层去色。

06 复制一层，重命名为"查找边缘"，然后执行【滤镜 > 风格化 > 查找边缘】命令。

07 执行【图层 > 图层样式 > 混合选项】命令，对混合颜色带进行设置，按住 Alt 键，然后单击黑色滑块，等滑块分开后，拖动到适当的位置。

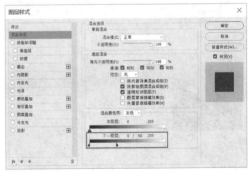

08 将"查找边缘"图层的混合模式改为叠加。

09 将"查找边缘"图层的"不透明度"改为 60%。

10 盖印一层，重命名为"模糊"。执行【滤镜 > 模糊 > 表面模糊】命令，选择"半径"为 15 像素，"阈值"为 22 色阶。

11 复制一层重命名为"墨水轮廓"。执行【滤镜 > 滤镜库 > 画笔描边 > 墨水轮廓】命令，设置"描边长度"为 5，"深色强度"为 2，"光照强度"为 11。

12 将"墨水轮廓"图层的"不透明度"改为 40%。

13 打开"练习 \14-9 水墨画风格效果 \2- 江南春"素材。

14 选择【移动工具】，直接将诗词素材拖动到"墨水轮廓"图层上，重命名为"诗词"。调整"诗词"图层的大小及位置。

15 将"诗词"图层的混合模式改为正片叠底。

16 添加一个印章素材。

小练习

使用"练习\14-9 水墨画风格效果\3- 江南水乡"素材，制作水墨画风格图像。

17 单击图层面板最下面的第 4 个快捷按钮"创建新的填充或调整图层"，添加色阶调整图层。将左滑块拖到 6，右滑块拖到 252，恢复图像的准确亮度值。

14.10 油画风格的图像效果

▶ 扫码轻松学

思路：

（1）调准图像色阶。

（2）适当提高对比度。

（3）用高反差保留命令加强图像轮廓线条。

（4）用 Photoshop 软件自带的油画滤镜将风景照转为逼真的油画效果。

01 打开"练习 \14-10 油画风格效果 \1- 风光"素材。

02 复制一层，重命名为"风景"。单击图层面板最下面的第 4 个快捷按钮"创建新的填充或调整图层"，添加色阶调整图层，将右滑块拖到 226。

03 单击图层面板最下面的第 4 个快捷按钮"创建新的填充或调整图层"，添加曲线调整图层，将曲线稍微拉成一个 S 形，提高图像的对比度。

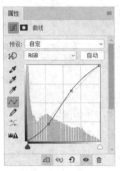

04 盖印一层，重命名为"盖印"。然后复制一层，重命名为"高反差"。 执行【滤镜 > 转换为智能滤镜】命令，将高反差图层转换成智能对象。

05 执行【滤镜 > 其他 > 高反差保留】命令，将"半径"设置为 1 像素。

06 将"高反差"图层的混合模式改为叠加。

07 盖印一层，重命名为"油画"。将"油画"图层转换成智能对象。

08 执行【滤镜>风格化>油画】命令，设置"描边样式"为2.4，"描边清洁度"为5.0，"缩放"为1.5，"硬毛刷细节"为2.5，"角度"为117度，"闪亮"为5.0。

提示

描边样式：用来调整笔触样式。

描边清洁度：用来设置纹理的柔化程度。

缩放：用来对纹理进行缩放。

硬毛刷细节：用来设置画笔细节的丰富程度，数值越高，毛刷纹理越清晰。

角度：用来设置光线的照射角度。

闪亮：可以提升纹理的清晰度，产生锐化效果。

小练习

使用"练习\14-10 油画风格效果\2- 房屋"素材制作油画风格图像。

第 15 章

创意合成案例

15

15.1　奇怪的水果

▶ 扫码轻松学

思路：

（1）创建背景图层。

（2）处理橘子素材。

（3）处理猕猴桃素材。

（4）利用图层蒙版融合两种水果素材。

（5）整体修饰。

01 新建一个图层，"宽度"为 40 厘米，"高度"为 25 厘米，"分辨率"为 300 像素 / 英寸。

02 单击图层面板最下面的第 4 个快捷按钮"创建新的填充或调整图层"，添加纯色背景图层（R=246、G=246、B=246）。

03 单击图层面板最下面的第 4 个快捷按钮"创建新的填充或调整图层"，添加渐变图层，至此完成了背景图层的创建。

04 打开"练习 \15-1 奇怪的水果 \1- 橘子"素材。

05 利用【魔棒工具】抠出橘子。

06 选择【移动工具】，然后将抠出的素材直接拖动到渐变图层之上，重命名为"橘子"。

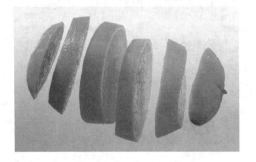

07 调整"橘子"图层的大小及位置。

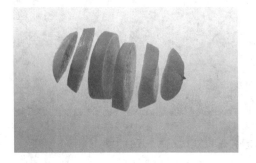

08 打开"练习 \15-1 奇怪的水果 \2- 猕猴桃"素材。

09 选择【钢笔工具】，将猕猴桃抠出来。

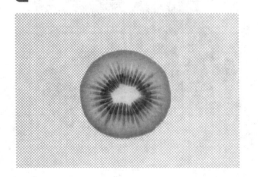

10 选择【移动工具】，然后将抠出的猕猴桃素材直接拖动到"橘子"图层上，重命名为"猕猴桃 1"。

11 调整"猕猴桃 1"图层的大小及位置。

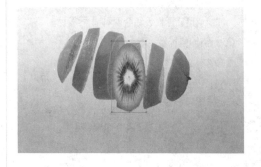

12 在自由变换选框内单击鼠标右键，选择透视菜单，调整"猕猴桃 1"图层的大小及位置。

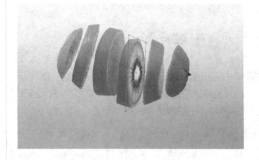

13 在透视菜单的基础上单击鼠标右键，选择【变形】菜单，调整"猕猴桃 1"图层的大小及位置。

14 执行【图层＞图层蒙版＞显示全部】命令，为"猕猴桃1"图层添加一个白色的图层蒙版。

15 选择【画笔工具】，设置"形状"为柔角，"颜色"为黑色，"硬度"为0%，"不透明度"为50%。涂抹猕猴桃的边缘轮廓，让猕猴桃和橘子边缘过渡更自然。

16 将猕猴桃素材再一次拖动到橘子背景图层中，重命名为"猕猴桃2"。

17 对"猕猴桃2"图层执行与"猕猴桃1"图层相同的操作。

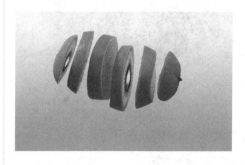

18 重复以上步骤，直到所有需要添加猕猴桃的地方都添加完毕为止。

19 隐藏背景、纯色及渐变图层。

339

20 盖印一层，重命名为"盖印"。

21 显示背景、纯色及渐变图层。

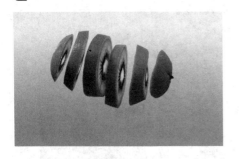

22 将"盖印"图层复制一层，重命名为"影子"。

23 按住 Ctrl 键，单击"影子"图层的缩览图，载入图层的选区。

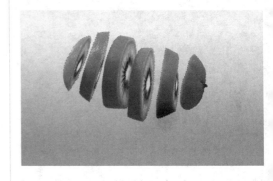

24 按快捷键 Shift+F5 为"影子"图层填充黑色，然后将图层转换成智能对象。

25 执行【滤镜 > 模糊 > 高斯模糊】命令，设置半径为 40 像素。

26 调换"影子"图层和"盖印"图层的位置,将"盖印"图层置于"影子"图层之上。调整"影子"图层的大小及位置。

27 将"影子"图层的"不透明度"改为45%。

28 单击图层面板最下面的第4个快捷按钮"创建新的填充或调整图层",添加色阶调整图层。将左滑块拖到5,中间滑块拖到0.88。

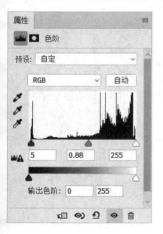

小练习

打开"练习\15-1奇怪的水果\3-西瓜"和"4-苹果"素材进行练习。

15.2　灯泡里的世界

▶ 扫码轻松学

思路：

（1）处理灯泡图层。

（2）载入草地图层。

（3）载入马匹、飞鸟及气球图层。

（4）载入白云画笔并添加白云素材点缀图像。

（5）整体修饰。

01 打开"练习\15-2 灯泡里的世界\1- 灯泡"素材。

02 复制一层，重命名为"去灯芯"。选择【仿制图章工具】，调整画笔"大小"为300像素，"硬度"为100%。在灯芯附近的位置，按住 Alt 键并单击取样。

03 在需要修复的灯芯上涂抹。

04 根据背景的具体情况多次取样，进行多次涂抹。

05 用通道抠图法抠出灯泡。

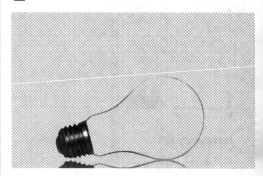

06 单击图层面板最下面的第 4 个快捷按钮"创建新的填充或调整图层"，添加纯色背景图层（ R=246、G=246、B=246 ）。调换"纯色"图层和"灯泡"图层的位置，将"灯泡"图层置于"纯色"图层之上。

07 打开"练习\15-2灯泡里的世界\2- 草地"素材。

08 因为想让偏黄的草地偏绿，所以单击图层面板最下面的第4个快捷按钮"创建新的填充或调整图层"，添加可选颜色调整图层。选择可选颜色中的"绿色"，设置"青色"为+59%，"洋红"为−79%，"黄色"为+65%。

09 选择可选颜色中的"黄色"，设置"青色"为+63%，"洋红"为−79%，"黄色"为+73%。

10 盖印一层，得到"图层1"图层。然后用通道抠图法抠出草地。

11 选择【移动工具】，将抠出的草地素材直接拖动到"灯泡"图层上，重命名为"草地"。然后调整"草地"图层的大小及位置。

12 按住 Ctrl 键，然后单击"灯泡"图层的缩览图，载入图层的选区。

13 按快捷键 Ctrl+Shift+I 反选选区。

14 执行【图层 > 图层蒙版 > 显示选区】命令，为"草地"图层添加一个白色的图层蒙版。

15 选择【画笔工具】，设置画笔"形状"为硬角，"颜色"为黑色，"硬度"为 0%，"不透明度"为 100%，涂抹灯泡外面的区域。

16 复制一层，重命名为"草地倒影"。 按快捷键 Ctrl+T 自由变换，单击鼠标右键，选择"垂直翻转"菜单，然后向下调整"草地倒影"图层的位置。

17 打开"练习 \15-2 灯泡里的世界 \3- 马匹"素材。

18 利用选择并遮住抠图法抠出两匹马。

19 选择【移动工具】，然后将抠出的马的素材直接拖动到"草地"图层上，重命名为"马匹1"。

20 调整"马匹1"图层的大小及位置。

21 复制一层，重命名为"影子1"。按住 Ctrl 键，单击"影子1"图层的缩览图，载入选区。

22 按快捷键 Shift+F5 将"影子1"图层填充为黑色。

23 将"影子1"图层转换成智能对象。执行【滤镜 > 模糊 > 高斯模糊】命令，设置"半径"为10像素。

24 调整"影子1"图层的大小及位置，"不透明度"改为45%。

25 执行【图层 > 图层蒙版 > 显示全部】命令，为"马匹1"图层添加一个白色的图层蒙版。选择【画笔

工具】，设置画笔"形状"为柔角，"颜色"为黑色，"硬度"为 0%，"不透明度"为 30%。涂抹马蹄区域，让马蹄融入草地之中。

26 载入"马匹 2"图层，进行同样的操作。

27 打开"练习 \15-2 灯泡里的世界 \4- 鸟群"素材。

28 利用通道抠图法抠出鸟群。

29 选择【移动工具】，然后将抠出的鸟群素材直接拖动到"马匹"图层上，重命名为"鸟群 1"。

30 调整"鸟群 1"图层的大小及位置。

31 载入"鸟群 2"图层，进行同样的操作得到图所示的效果。

32 打开"练习\15-2 灯泡里的世界\5- 热气球"素材。

33 利用钢笔抠图法抠出气球。

34 选择【移动工具】，然后将抠出的气球素材直接拖动到"鸟群 2"图层上，重命名为"气球"。

35 调整"气球"图层的大小及位置。将"气球"图层的"不透明度"改为 50%。

36 新建一个空白图层，重命名为"光晕"。按快捷键 Shift+F5 将"光晕"图层填充为黑色，然后将"光晕"图层转换成智能对象。执行【滤镜 > 渲染 > 镜头光晕】命令，设置"亮度"为100%，"镜头类型"为 50-300 毫米变焦。

37 将"光晕"图层混合模式改为滤色。

38 新建一个空白图层，重命名为"白云"。载入"白云画笔"，然后选择【画笔工具】，调整好画笔大小，单击为图像添加一朵白云。

39 单击图层面板最下面的第 4 个快捷按钮"创建新的填充或调整图层"，添加色阶调整图层。将左滑块拖到 12，中间滑块拖到 0.92，右滑块拖到 254。

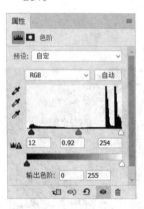

小练习

打开"练习 \15-2 灯泡里的世界 \6- 红色树"素材进行练习。

15.3　纸上的风景

▶ 扫码轻松学

思路：

（1）创建背景图层。

（2）创建纸张素材。

（3）处理海水素材。

（4）处理海岛、鲸鱼及飞鸟素材。

（5）整体修饰。

01 新建一个图层。设置"宽度"为 40 厘米，"高度"为 25 厘米。

02 单击图层面板最下面的第 4 个快捷按钮"创建新的填充或调整图层",添加一个纯色背景图层（R=175、G=249、B=239）。然后新建一个空白图层,重命名为"影子"。选择【钢笔工具】,然后在"影子"图层上勾出如图所示的路径。

03 按快捷键 Enter+Ctrl 将路径转化为选区。

04 按快捷键 Shift+F5 将"影子"图层填充为黑色。

05 保持选区状态,新建一个空白图层,重命名为"白纸"。按快捷键 Shift+F5 将白纸图层填充为白色。

06 按快捷键 Ctrl+D 取消选区。

07 选择"影子"图层,调整"影子"图层的大小及位置,然后将"影子"图层转换成智能对象。

08 执行【滤镜 > 模糊 > 高斯模糊】命令,设置"半径"为 35 像素。

09 将"影子"图层的"不透明度"改为 80%。

10 打开"练习 \15-3 纸上的风景 \1- 海洋"素材。
选择【移动工具】，然后将海洋素材直接拖动到
白纸图层上，重命名为"海洋"。

11 调整"海洋"图层的大小及位置。

12 选择"海洋"图层，按住 Ctrl 键，单击"白纸"
图层的缩览图，载入选区。

13 执行【图层 > 图层蒙版 > 显示选区】命令，为"海
洋"图层添加一个图层蒙版。

14 打开"练习 \15-3 纸上的风景 \2- 海岛"素材。

15 利用通道抠图法抠出海岛。

16 选择【移动工具】，然后将抠出的海岛素材直接拖动到"海洋"图层上，重命名为"海岛1"。

17 调整"海岛"图层的大小及位置。

18 选择【橡皮擦工具】，设置"不透明度"为17%。涂抹海岛倒影区域，减淡海岛倒影颜色。

19 打开"练习\15-3 纸上的风景\3- 海岛2"素材。

20 利用通道抠图法抠出海岛2。

21 选择【移动工具】，然后将抠出的海岛2素材直接拖动到"海岛"图层上，重命名为"海岛2"。

22 调整"海岛2"图层的大小及位置。

23 选择【加深工具】，范围为中间调。涂抹海岛2素材，为其加一些阴影。

24 复制一层，重命名为"影子 2"。按住 Ctrl 键，然后单击"影子 2"图层的缩览图，载入选区。

25 按快捷键 Shift+F5 将"影子 2"图层填充为黑色，然后取消选区。

26 执行【滤镜 > 转换为智能滤镜】命令将"影子 2"图层转换成智能对象。执行【滤镜 > 模糊 > 高斯模糊】命令，设置"半径"为 35 像素。

27 调整"影子 1"图层的大小及位置。

28 将"影子 1"图层的"不透明度"改为 45%。

29 打开"练习 \15-3 纸上的风景 \4- 帆船"素材。

30 利用钢笔工具抠图法抠出帆船。

31 选择【移动工具】，将抠出的帆船素材直接拖动到海岛图层上，重命名为"帆船"。

32 调整"帆船"图层的大小及位置。

33 选择【橡皮擦工具】，设置"不透明度"为17%。涂抹帆船倒影区域，减淡帆船倒影颜色。

34 打开"练习\15-3 纸上的风景\5-鲸鱼"素材。

35 利用选择并遮住抠图法抠出鲸鱼。

36 选择【移动工具】，将抠出的鲸鱼素材直接拖动到帆船图层上，重命名为"鲸鱼1"。

37 调整"鲸鱼1"图层的大小及位置。

38 选择【橡皮擦工具】，设置"不透明度"为17%。涂抹鲸鱼尾部的浪花区域，将浪花和海水融合在一起。

39 打开"练习\15-3 纸上的风景\6- 鲸鱼 2"，相同的操作，载入"鲸鱼 2"图层。

40 打开"练习\15-3 纸上的风景\7- 飞鸟"素材。

41 利用通道抠图法抠出飞鸟。

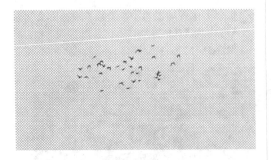

42 选择【移动工具】，然后将抠出的飞鸟素材直接拖动到"帆船"图层上，重命名为"飞鸟 1"。

43 调整"飞鸟 1"图层的大小及位置。

44 利用相同的操作，载入"飞鸟 2"图层。

45 新建一个空白图层，重命名为"光晕"。按快捷键 Shift+F5 将"光晕"图层填充为黑色。然后将"光晕"图层转换成智能对象。执行【滤镜 > 渲染 > 镜头光晕】命令，设置"亮度"为 75%，"镜头类型"为 105 毫米聚焦。

46 将"光晕"图层混合模式改为滤色。

47 单击图层面板最下面的第 4 个快捷按钮"创建新的填充或调整图层",添加色阶调整图层。将左滑块拖到 11,中间滑块拖到 0.97。

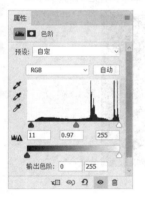

48 新建一个空白图层,重命名为"白云"。载入一个白云画笔,选择【画笔工具】,在海岛靠上的区域单击,添加一朵白云。

小练习

使用相同的方法,重新组合以上相同素材进行练习。

15.4 封闭的足球场

▶ 扫码轻松学

思路：

（1）创建封闭空间。

（2）载入踢球人像。

（3）创建人像影子。

（4）处理其他人像及影子。

（5）整体修饰。

01 打开"练习 \15.4- 封闭的足球场 \1- 风景"素材。

02 执行【图像 > 图像大小】命令，打开命令窗口。单击图所示位置的小锁，解除长宽约束比例，然后设置文件的"宽度"和"高度"均为 38 厘米，得到正方形的图像，便于后期处理。

03 执行【滤镜 > 扭曲 > 极坐标】命令，选择"平面坐标到极坐标"。

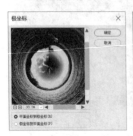

04 将背景图层复制一层，得到"图层 1"图层。按快捷键 Ctrl+T 旋转"图层 1"的位置，旋转角度自己把握，一般旋转 90 度即可。

05 执行【图层 > 图层蒙版 > 显示全部】命令，为"图层 1"图层添加一个白色的图层蒙版。选择【画笔工具】，设置画笔"形状"为柔角，"颜色"为黑色，"硬度"为 0%，"不透明度"为 75%，涂抹图像衔接生硬的区域。

06 盖印一层得到"图层 2"图层。选择【仿制图章工具】，设置"不透明度"为 54%。在图像红框的位置按住 Alt 键，单击选择仿制源。

07 遮盖边缘部分。

08 多次选择仿制源，多次涂抹，得到图所示的效果。

09 打开"练习 \15-4 封闭的足球场 \2- 球门"素材。

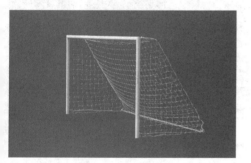

10 利用通道抠图法抠出球门。

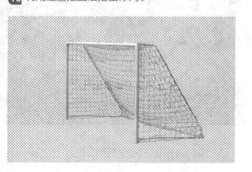

11 选择【移动工具】，然后将抠出的球门素材直接拖动到"图层 2"图层上，重命名为"球门"。

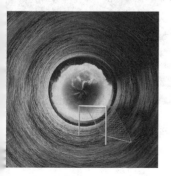

12 调整"球门"图层的大小及位置。

13 执行【图层 > 图层蒙版 > 显示全部】命令，为球门添加一个白色的图层蒙版。选择【画笔工具】，设置画笔"形状"为柔角，"颜色"为黑色，"硬度"为 0%，"不透明度"为 50%，涂抹球门和草地的衔接区域。

14 打开"练习 \15-4 封闭的足球场 \3- 球员"素材。

15 利用选择并遮住抠图法抠出球员。

16 选择【移动工具】，然后将抠出的球员素材直接拖动到球门图层上，重命名为"球员"。

17 调整"球员"图层的大小及位置。

18 将"球员"图层复制一层，重命名为"影子"。按住 Ctrl 键，然后单击"影子"图层的缩览图，载入选区。

19 按快捷键 Shift+F5 将"影子"图层填充为黑色，然后取消选区。

20 将"影子"图层转换成智能对象。执行【滤镜 > 模糊 > 高斯模糊】命令，设置"半径"为 7 像素。

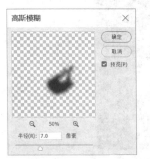

21 调整"影子"图层的大小及位置。

22 将"影子"图层的"不透明度"改为 75%。

23 选择"球员"图层，执行【图层 > 图层蒙版 > 显示全部】命令，添加一个白色的图层蒙版。选择【画

笔工具】，设置画笔"形状"为柔角，"颜色"为黑色，硬度为 0%，"不透明度"为 75%。涂抹球员和草地衔接区域，涂抹过程中灵活调整画笔的大小及不透明度。

24 打开"练习 \15-4 封闭的足球场 \4- 球员 2"素材。

25 用同样的方法处理球员 2。

26 打开"练习 \15-4 封闭的足球场 \5- 球员 3"素材。

27 用同样的方法处理球员 3。

28 打开"练习 \15-4 封闭的足球场 \6- 球员 4"素材。

29 用同样的方法处理球员 4。

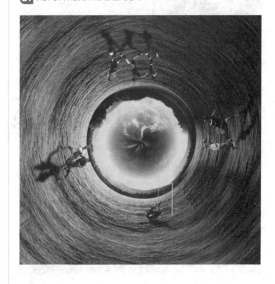

30 新建一个空白图层，重命名为"光晕"。按快捷键 Shift+F5 将"光晕"图层填充为黑色，然后将"光晕"图层转换成智能对象。

31 执行【滤镜 > 渲染 > 镜头光晕】命令,设置"亮度"为106%,"镜头类型"为50-300毫米变焦。

32 将"光晕"图层混合模式改为滤色。

小练习

使用相同的方法,用"练习\15-4 封闭的足球场\7-草地"素材进行练习。

15.5 城市创意人脸造型

▶ 扫码轻松学

思路:

(1)创建背景图层。

(2)将人像复制进背景图层。

(3)载入城市图层。

(4)利用图层蒙版融合人像图层和城市图层。

(5)整体修饰。

01 按快捷键 Ctrl+N,新建一个图层,"宽度"为200厘米,"高度"为125厘米。

02 单击图层面板最下面的第 4 个快捷按钮"创建新的填充或调整图层",添加一个纯色背景图层(R=230、G=252、B=252)。

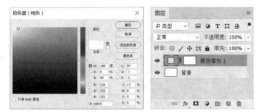

05 利用选择并遮住抠图法抠出人像。

06 将抠出的人像图层拖动到渐变图层上,得到"图层 1"并重命名为"人像"。

03 单击图层面板最下面的第 4 个快捷按钮"创建新的填充或调整图层",添加渐变图层,角度为47.49 度,至此完成了背景图层的创建。

07 按快捷键 Ctrl+T,调整"人像"图层的大小及位置,然后按 Enter 键。

04 打开"1- 人像"素材文件,得到人像背景图层。

08 打开"2- 城市"素材,得到城市的背景图层。

09 利用快速选择工具抠图法抠出城市。

10 将抠出的城市素材拖动到"人像"图层上，重命名为"城市"。

11 按快捷键 Ctrl+T，调整"城市"图层的大小及位置。

12 选择"城市"图层，按住 Ctrl 键，单击"人像"图层的缩览图，得到"人像"图层的选区。

13 执行【图层 > 图层蒙版 > 显示选区】命令，为"城市"图层中人像选区添加一个白色的图层蒙版，并隐藏选区之外的区域。

14 选择【画笔工具】，设置画笔"形状"为柔角，"颜色"为黑色，"硬度"为 0%，"不透明度"为 50%（参数根据图像效果灵活设置），调整画笔大小，在图像窗口涂抹人像的头发、脸颊及耳朵等区域，涂抹过程中灵活调整画笔大小及不透明度。

15 选择"人像"图层，执行【图层 > 图层蒙版 > 显示全部】命令，添加一个白色的图层蒙版。选择【画笔工具】，设置画笔"形状"为硬角，"颜色"为黑色，"硬度"为 0%，"不透明度"为 100%，涂抹城市中间的人像区域，透出背景。

16 打开"3-飞鸟"素材，得到飞鸟的背景图层，然后抠出飞鸟。

17 将抠出的飞鸟素材拖动到城市图层上，重命名为"飞鸟"。

18 调整"飞鸟"图层的大小及位置。

19 打开"4-飞机"素材，得到飞机的背景图层，然后抠出飞机。

20 将飞机素材拖动到"城市"图层上，重命名为"飞机"，调整到适当大小和位置，并将"飞机"图层的"不透明度"调整为80%。

21 按快捷键 Ctrl+Shift+Alt+E 盖印一层得到图层，重命名为"双重曝光"，然后将"双重曝光"图层转换成智能对象。执行【滤镜>渲染>镜头光晕】命令，设置"亮度"为45%，"镜头类型"为50-300毫米变焦。

22 单击图层面板最下面的第 4 个快捷按钮"创建新的填充或调整图层"，添加色阶调整图层。在弹出的色阶命令窗口中，将左滑块拖到 7，中间滑块拖到 1.09，右滑块拖到 247。

23 单击图层面板最下面的第 4 个快捷按钮"创建新的填充或调整图层"，添加色彩平衡调整图层。在弹出的色彩平衡命令窗口中，选择"中间调"色调，按快捷键 Ctrl+Shift+S，保存图像效果。

小练习

使用"练习 \15-5 城市创意人脸造型 \5- 山谷"素材进行练习。

15.6　动物双重曝光

▶ 扫码轻松学

思路：

（1）常规修饰动物和背景图层。

（2）将动物复制进背景图层。

（3）载入山峰图层。

（4）利用图层蒙版融合动物图层和山峰图层。

（5）整体修饰。

01 打开"练习 \15-6 动物双重曝光 \1- 背景"和"2- 北极熊"素材。

02 利用选择并遮住抠图法抠出北极熊。

03 将抠出的北极熊拖动到背景图层上，重命名为"北极熊"。

04 打开"练习 \15-6 动物双重曝光 \3- 山峰"素材。

05 利用快速选择工具抠图法抠出山峰。

06 将抠出的山峰素材拖动到"北极熊"图层上，重命名为"山峰"。

07 按快捷键 Ctrl+T，在自由变换框里单击右键，选择【变形】命令，对山峰图层做出如下调整。

08 选择"山峰"图层，按住 Ctrl 键，单击"北极熊"图层的缩览图，得到"北极熊"图层的选区。

09 执行【图层 > 图层蒙版 > 显示选区】命令，为"山峰"图层中北极熊选区添加一个白色图层蒙版，并隐藏选区之外的区域。

10 按住 Ctrl 键，再一次单击"北极熊"图层的缩览图，得到"北极熊"图层的选区。

11 选择【渐变工具】，选择一个黑白渐变，"类型"选择线性。在图像窗口拉出一个渐变，让北极熊的腿部和风景完美融合。

12 选择【画笔工具】，设置画笔"形状"为选择柔角，"颜色"为黑色，"硬度"为 0%，"不透明度"为 50%。涂抹出北极熊的头部轮廓和背部的山峰。

13 选择"北极熊"图层，执行【图层 > 图层蒙版 > 显示全部】命令，添加一个白色的图层蒙版。选择【画笔工具】，设置画笔"形状"为硬角，"颜色"为黑色，"硬度"为 0%，"不透明度"为 100%，涂抹山峰之间的北极熊区域，透出背景。

14 打开上一个案例抠出的飞鸟素材，拖动到"峡谷"图层上，重命名为"飞鸟"。

15 新建一个空白图层，重命名为"云朵"。载入白云画笔，选择【画笔工具】，在图像窗口靠上的区域单击鼠标，添加一朵白云。

16 使用之前案例讲解的方法制作一个光晕效果。

17 将"光晕"图层的混合模式改为滤色，滤去黑色的背景。

18 单击图层面板最下面的第 4 个快捷按钮"创建新的填充或调整图层"，添加曲线调整图层，将曲线稍微往右上角弯曲。

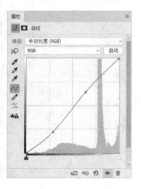

19 单击图层面板最下面的第 4 个快捷按钮"创建新的填充或调整图层"，添加照片滤镜调整图层。"滤镜"为水下，"浓度"为 25%。

小练习

使用"练习 \15-6 动物双重曝光 \4- 雪山"素材进行练习。

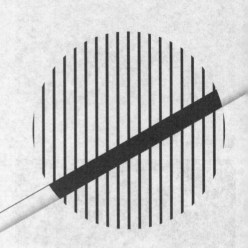

第 16 章

GIF 动图制作案例

16

16.1 表情包制作

扫码轻松学

思路:

（1）绘制表情包模板。

（2）去色人像。

（3）加强人像对比度。

（4）抠出五官。

（5）合成表情包。

（6）文字修饰。

01 创建一个"宽度"和"高度"为 40 厘米和 25 厘米，分辨率为 300 像素 / 英寸，背景颜色为白色的背景。

02 新建一个空白图层，重命名为"模板"。选择【钢笔工具】，添加起始锚点。

03 添加第 2 个锚点，并按住鼠标拖动，调整方向线的大小和角度得到图所示的一段曲线路径。

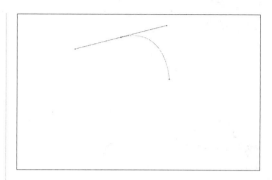

04 为了避免第 2 次添加锚点的方向线影响与下一个锚点之间产生的曲线弧度，按住 Alt 键，并将鼠标光标移动到第 2 次添加的锚点上，等钢笔工具图标右下角有个倒立小 v 的时候，删除该锚点的方向线。

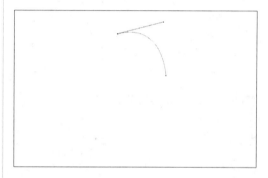

05 添加第 3 个锚点，并按住鼠标拖动，调整方向线的大小和角度，来创建适当的轮廓曲线。

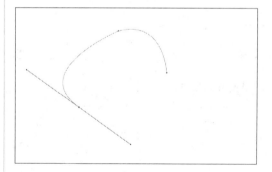

06 当完成脸部的曲线绘制后，按住 Ctrl 键，然后在曲线之外的任意地方单击，刚才绘制的这段路径即被认定已经完成，再次使用钢笔工具时会开始绘制新的曲线。

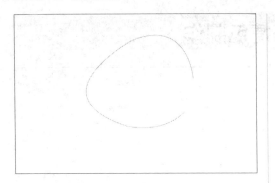

07 使用同样的方法，完成耳朵的绘制。

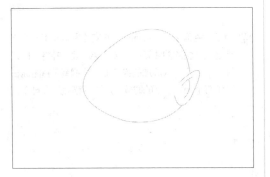

08 使用同样的方法，完成领结的绘制。

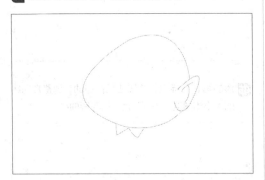

09 使用同样的方法，完成身体的绘制。

10 为角色添加头发。

11 选择【画笔工具】，设置画笔"形状"为硬角，
　　"大小"为 15 像素，"颜色"为黑色，"硬度"
　　为 100%，"不透明度"为 100%。选择路径面板，
　　然后单击路径面板最下角的第 2 个快捷按钮"用
　　画笔描边路径"，即可给模板路径描边。

12 单击鼠标右键选择【删除路径】，消除路径，只
　　留下表情包模板。

13 回到图层面板，表情包模板制作完成，以后可以直接使用。

14 打开"练习\16-1表情包制作\1-表情"素材。

15 复制一层重命名为"人像"，按快捷键 Ctrl+Shift+U 为人像去色。

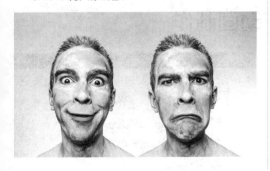

16 按快捷键 Ctrl+L 打开色阶命令窗口，将左滑块拖到 97，右滑块拖到 176，使人物的五官更清晰。

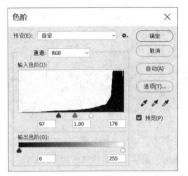

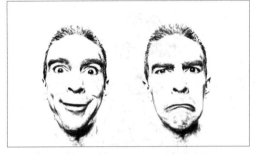

17 选择【钢笔工具】，大概框选出人物的五官。

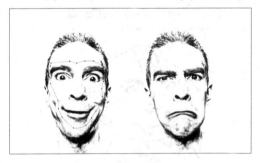

18 按快捷键 Enter+Ctrl 将路径转化为选区。

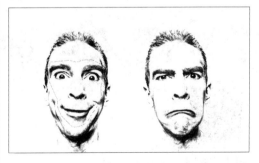

19 复制一层图层并重命名为"表情"。

20 选择【移动工具】，将"表情"图层拖动到表情模板上。将"表情"图层的混合模式改为正片叠底。

21 选择【橡皮擦工具】，擦除五官周围多余的部分，然后调整"表情"图层的大小及位置。

22 选择【文字工具】，输入"今天，很开心"文字。

小练习

使用"练习 \16-1 表情包制作 \1- 表情"素材进行练习。

16.2　GIF动画制作

▶ 扫码轻松学

思路：

（1）载入素材。

（2）调出时间轴创建帧动画。

（3）设置帧动画循环次数。

（4）设置帧动画跳转时间。

（5）保存。

01 按快捷键 Ctrl+N 创建一个"宽度"和"高度"分别为 40 厘米和 25 厘米，分辨率为 300 像素 / 英寸，背景颜色为白色的背景。按快捷键 Ctrl+O 打开"练习 \16-2 GIF动画制作 \1- 表情"素材 1，得到素材 1 的"背景"图层。

02 选择【移动工具】，然后将素材 1 拖到新建的白色"背景"图层上得到新图层，重命名为"飞吻"。

03 按快捷键 Ctrl+T 调整"飞吻"图层的大小及位置如图（覆盖背景），然后按 Enter 键确认。

04 打开"练习 \16-2 GIF动画制作 \2- 表情"素材 2，得到素材 2 的"背景"图层。

05 选择【移动工具】，然后直接将素材 2 拖动到新建的白色"背景"图层上得到新图层并命名为"感动"。

06 按快捷键 Ctrl+T 调整"感动"图层的大小及位置（与飞吻图像完全重合），并按 Enter 键确认。

07 载入"练习\16-2 GIF动画制作\3- 表情"素材 3，重复以上操作。

08 载入"练习\16-2 GIF动画制作\4- 表情"素材 4。

09 载入"练习\16-2 GIF动画制作\5-表情"素材 5。

10 载入"练习\16-2 GIF动画制作\6-表情"素材6。

11 在菜单栏执行【窗口 > 时间轴】命令，打开时间轴面板。

12 在时间轴面板，单击创建"创建帧动画"菜单。

13 单击创建"创建帧动画"菜单后得到的效果。

14 单击 5 次时间轴面板最下面的"复制所选帧"
按钮，复制 5 个新的帧动画。

15 在时间轴面板选择第 1 个帧动画。

16 因为要创建的 GIF 动画第 1 帧只需要出现素材
1，所以在图层面板，只显示"飞吻"图层，隐
藏其他 6 个图层。

17 在时间轴面板选择第 2 个帧动画。

18 在图层面板，只显示"感动"图层，隐藏其他
6 个图层。

19 在时间轴面板选择第 3 个帧动画。

20 在图层面板，只显示"快乐"图层，隐藏其他
6 个图层。

21 在时间轴面板选择第 4 个帧动画。

22 在图层面板，只显示"困惑"图层，隐藏其他
6 个图层。

23 在时间轴面板选择第 5 个帧动画。

24 在图层面板，只显示"惊讶"图层，隐藏其他 6 个图层。

25 在时间轴面板选择第 6 个帧动画。

26 在图层面板，只显示"哭泣"图层，隐藏其他 6 个图层。

27 然后在时间轴面板，选择第 1 个帧动画，单击帧动画下面的折叠菜单，然后设置帧跳转的时间为 0.5 秒（单击即可）。

28 同样的操作，将剩余的 5 个帧动画的帧跳转时间也设置为 0.5 秒。

29 在循环次数模式中选择"永远"（即无限循环播放）。

30 单击【播放动画】按钮，观察动画播放情况，再适当调整修饰。

31 在菜单栏执行【文件 > 导出 > 存储为 Web 所用格式】命令，选择存储位置保存文件即可。